计算机图形设计教程

CorelDRAW X4

赵洛育◎编著

清华大学出版社

北　京

内 容 简 介

本书以实例为主导讲解了 CorelDRAW X4 的各个知识点以及使用 CorelDRAW X4 进行平面设计的方法和技巧，主要内容包括 CorelDRAW X4 入门、CorelDRAW X4 文件操作、绘制基本图形、绘制及编辑线条、为图形填充颜色、编辑图形、多个对象的组织、编辑文本、矢量图特殊效果、编辑和处理位图、输出及打印作品等。

本书内容全面，深入浅出，图文并茂，通俗易懂。正文中穿插了大量的"技巧"、"提示"等板块，丰富了知识面；各章上机练习实例实用有趣，使读者在实际操作中强化理解书中的知识点，并掌握制作基本商业案例的方法和技巧。每章后面还给出了习题和上机操作题，使读者能够通过练习巩固所学知识。

本书主要适用于 CorelDRAW 的初、中级用户，尤其适合作为各类高等学校、职业院校及各类电脑培训学校的教材使用。

图书在版编目（CIP）数据

计算机图形设计教程 CorelDRAW X4/赵洛育编著. —北京：清华大学出版社，2011.12

ISBN 978-7-302-27637-1

I. ①计… II. ①赵… III. ①图形软件，CorelDRAW-职业教育-教材 IV. ①TP391.41

中国版本图书馆 CIP 数据核字（2011）第 271806 号

责任编辑：朱英彪
封面设计：刘　超
版式设计：文森时代
责任校对：王国星
责任印制：杨　艳

出版发行：清华大学出版社　　　　　　　　　　地　　　址：北京清华大学学研大厦 A 座
　　　　　http://www.tup.com.cn　　　　　　邮　　　编：100084
　　　　　社　总　机：010-62770175　　　　邮　　　购：010-62786544
　　　　　投稿与读者服务：010-62776969，c-service@tup.tsinghua.edu.cn
　　　　　质　量　反　馈：010-62772015，zhiliang@tup.tsinghua.edu.cn
印 装 者：清华大学印刷厂
经　　销：全国新华书店
开　　本：185×260　印　张：13.75　字　数：315 千字
版　　次：2011 年 12 月第 1 版　　　印　　次：2011 年 12 月第 1 次印刷
印　　数：1～4000
定　　价：29.00 元

产品编号：030582-01

前　　言

CorelDRAW X4 是 Corel 公司 2008 年推出的一款功能强大、用途广泛的图形软件。它能够让用户轻松完成专业图形绘制、排版和数字图像编辑等工作，广泛应用于平面设计、产品包装和彩色出版等领域，备受专业美术设计人员的好评和推崇。

一、本书主要内容

本书是专门为初学 CorelDRAW 的用户编写的。从 CorelDRAW X4 的基础知识讲起，本着易学易用的宗旨，采用学练结合的方式进行讲解；同时，通过大量的实战应用实例，读者可以轻松地学会使用 CorelDRAW 进行创作的方法。

- ✦ 第 1 章：CorelDRAW X4 入门，主要介绍了 CorelDRAW X4 的基础知识，其中包括认识 CorelDRAW X4、CorelDRAW X4 工作环境的设置及优化等。
- ✦ 第 2 章：CorelDRAW X4 文件操作，主要介绍了 CorelDRAW X4 图像基础知识、CorelDRAW X4 基本操作等内容。
- ✦ 第 3 章：绘制基本图形，主要介绍了使用 CorelDRAW X4 绘制几何图形以及 CorelDRAW X4 中基本形状工具组和表格工具的使用。
- ✦ 第 4 章：绘制及编辑线条，简单介绍了矢量图的基本概念，重点介绍了使用 CorelDRAW X4 绘制线段及曲线的方法、艺术笔工具的使用方法以及如何编辑曲线对象。
- ✦ 第 5 章：为图形填充颜色，重点介绍了使用 CorelDRAW X4 为图形填充颜色的方法，包括均匀填充、渐变填充、图样填充、底纹填充、PostScript 填充等，还介绍了交互式填充工具组的使用方法以及使用滴管和颜料桶工具填充图形的方法等。
- ✦ 第 6 章：编辑图形，主要介绍了使用 CorelDRAW X4 修饰图形，裁剪、切割和擦除对象，造形对象以及编辑轮廓线的方法。
- ✦ 第 7 章：多个对象的组织，主要介绍了使用 CorelDRAW X4 变换对象、多个对象的组织与管理、复制和删除图形对象的方法以及撤销与重做的操作等。
- ✦ 第 8 章：编辑文本，主要介绍了使用 CorelDRAW X4 创建文本、格式化文本、为文本添加效果的方法以及文本与路径的操作等。
- ✦ 第 9 章：矢量图特殊效果，主要介绍了使用 CorelDRAW X4 为矢量图添加和设置特殊效果的方法。
- ✦ 第 10 章：编辑和处理位图，主要介绍了使用 CorelDRAW X4 编辑位图、裁剪位图以及调节位图色彩和创建位图的特殊效果的方法。
- ✦ 第 11 章：输出及打印作品，简单介绍了印刷的相关知识以及使用 CorelDRAW X4 进行印刷前的输出准备和打印输出工作。
- ✦ 第 12 章：综合实例，以标识设计和包装设计两个实例对本书的知识要点进行了总结。

二、本书内容特色

本书按照"本章导读+本章要点+知识讲解+上机练习+本章小结+习题"的体例结构进行编写。

- ✧ 本章导读：列出本章的重要知识点以及对读者的学习建议，使读者在学习之前先对本章的知识有一个大概的了解。
- ✧ 知识讲解：对本章的知识点进行详细的讲解，并且在对重要的知识点介绍后还会穿插一些实例，结合知识点的内容设置相应的上机示例，使读者可以对本章的重点、难点内容进行深入练习。
- ✧ 上机练习：综合本章所学知识点，设置一个上机练习题，并给出操作思路以及详细的操作过程和实例的最终效果，读者可通过此环节对本章内容进行实际操作。
- ✧ 本章小结：对本章内容进行复习，巩固本章重点、难点，以便进一步提高。
- ✧ 习题：为进一步巩固本章知识而设置，包括填空题、选择题、问答题和操作题 4 种题型。

三、本书适用读者群

本书主要适用于 CorelDRAW 的初、中级用户，尤其适合作为各类高等学校、职业院校及各类电脑培训学校的教材使用。

本书由赵洛育编写，参加编写工作的还有方子晗、耿雪莉、杨柳、范常辉、柴晓爱、裴字行、王小亮、杜冬玲和李天龙等。

由于作者水平有限，书中难免存在不足之处，欢迎广大读者指正。

目　　录

第 1 章　CorelDRAW X4 入门

本章导读

CorelDRAW 是 Corel 公司开发的目前最流行的一款矢量图形处理软件，其功能强大、使用方便。在学习使用 CorelDRAW 进行实际应用前，需要先了解一些相关的基础知识。本章首先简单介绍了 CorelDRAW X4 的应用领域、CorelDRAW X4 的欢迎界面和工作界面，然后又介绍了 CorelDRAW X4 的工作环境设置及优化方法。通过本章的学习，希望读者能够认识 CorelDRAW X4，并掌握其有关的基础知识。

本章要点

- ◉ CorelDRAW X4 的欢迎屏幕
- ◉ CorelDRAW X4 的工作界面
- ◉ 工作环境设置及优化

1.1　认识 CorelDRAW X4

CorelDRAW 是目前比较流行的矢量图形设计软件之一，于 1989 年诞生于加拿大的 Corel 公司，后经过十多年的迅速发展不断完善，在 2008 年 2 月推出了其最新版本 CorelDRAW X4。与之前版本相比，CorelDRAW X4 增加了许多新特性。

1.1.1　CorelDRAW X4 简介

CorelDRAW X4 是集平面设计和电脑绘画于一体的专业设计软件。它具有强大的设计功能，以其便捷的操作和人性化的工作界面等，赢得了众多专业设计人士和广大业余爱好者的青睐。它的出现为设计人员提供了无限的创意空间。

CorelDRAW X4 具有较强的兼容性，在实际的设计操作中可导入 Photoshop、Illustrator、AutoCAD 以及 Office 等软件图形或者文本，并可对这些图形或者文本进行处理操作，在很大程度上方便了用户。

1.1.2　CorelDRAW X4 的应用领域

CorelDRAW X4 是一个功能强大的矢量绘图软件，现在已广泛应用于广告设计（如图 1-1

所示)、卡通漫画制作(如图 1-2 所示)、标识牌制作(如图 1-3 所示)、印刷、工业造型设计、包装设计以及 Web 图形设计等众多领域。

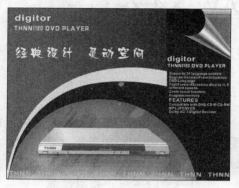
图 1-1 广告设计

图 1-2 卡通漫画制作

图 1-3 标识牌制作

1.2 CorelDRAW X4 中文版工作界面

在学习 CorelDRAW X4 之前,首先需要在电脑上安装该软件。安装 CorelDRAW X4 的方法与安装大多数软件一样,将 CorelDRAW X4 的安装光盘放入光驱中,执行安装文件后,按照提示一步一步操作即可。

成功安装 CorelDRAW X4 软件后,启动该软件,首先打开 CorelDRAW X4 的欢迎屏幕。下面就来了解 CorelDRAW X4 的欢迎屏幕。

1.2.1 CorelDRAW X4 的欢迎屏幕

单击桌面左下方的 按钮,在弹出的菜单中选择"所有程序"→CorelDRAW Graphics Suite X4→CorelDRAW X4 命令,如图 1-4 所示。启动 CorelDRAW X4 后,首先弹出欢迎窗口。

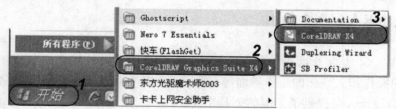
图 1-4 选择 CorelDRAW X4 命令

> 双击桌面上的 CorelDRAW X4 快捷图标,也可以启动该软件,这是一种很常用的启动软件的方法。

在欢迎窗口中有"快速入门"、"新增功能"、"学习工具"、"图库"和"更新"5 个选项卡。在其中的"快速入门"选项卡中又包括"最近用过的文档的"、"预览"、"打开其他文档"、"新建空白文档"和"从模板新建"等选项，如图1-5所示。

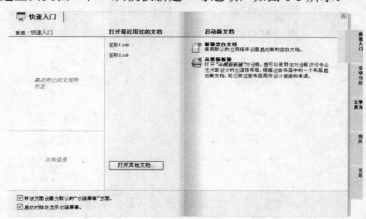

图1-5 "快速入门"选项卡

❖ "最近用过的文档的"选项：第一次使用CorelDRAW X4时，该选项显示为灰色不可用状态，当用户已经编辑过文件后下次启动时在该窗口将列出最近用户编辑过的文档名称，单击文档名称即可快速打开相应的文件。

❖ "预览"选项：在欢迎窗口的左侧，将预览最近使用过的文档效果。

❖ "打开其他文档"按钮：单击该按钮，将打开"打开绘图"对话框，从中可选择需要打开的文件，如图1-6所示。

图1-6 "打开绘图"对话框

❖ "新建空白文档"超链接：单击该超链接，将创建一个空白的CorelDRAW文件。

❖ "从模板新建"超链接：单击该超链接，将打开"从模板新建"对话框，如图1-7所示。在该对话框中将显示系统中已有的CorelDRAW模板，用户可以选择任一模板样式，并在此基础上进行图形绘制。

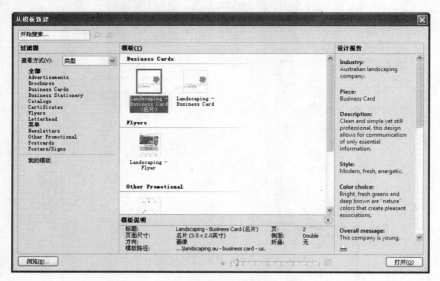

图 1-7 "从模板新建"对话框

1.2.2 CorelDRAW X4 工作界面的各个组成部分

认识 CorelDRAW X4 的工作界面是进行 CorelDRAW X4 学习和使用其进行设计的前提，熟悉工作界面后能够更加得心应手地进行图形设计。

CorelDRAW X4 的工作界面主要由标题栏、菜单栏、标准工具栏、属性栏、工具箱、页面控制栏、状态栏、标尺、泊钨窗、调色板和绘图区等部分构成，如图 1-8 所示。

图 1-8 CorelDRAW X4 的工作界面

1. 标题栏

同大多数应用软件一样，CorelDRAW X4 的标题栏包括程序图标、软件名称及当前打开文件的名称、所在的路径以及"最小化、最大化/还原和关闭"按钮 、 和 ，如图 1-9 所示。

图 1-9　CorelDRAW X4 的标题栏

2. 菜单栏

菜单栏位于标题栏的下方,几乎包含了 CorelDRAW X4 的所有操作命令,可以对图像进行各种编辑操作。使用时选择任一菜单项都将弹出其下拉菜单。如果菜单命令后有"▶"符号,则表示该命令含有子菜单。如选择"效果"命令,将弹出如图 1-10 所示的下拉菜单。

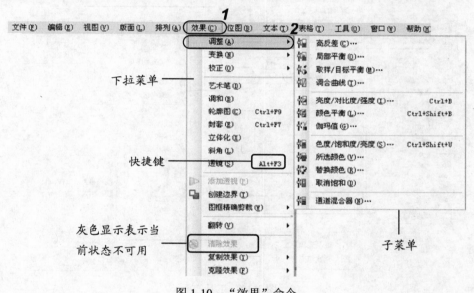

图 1-10　"效果"命令

　　在菜单栏中,如果命令后含有"…"符号,表示执行该命令后将弹出一个相应的对话框,用户可在此对话框中进行相关的设置。

3. 标准工具栏

标准工具栏将 CorelDRAW X4 中的一些常用命令以按钮的形式集合在一起,单击该按钮即可执行相关操作。

4. 属性栏

当选择一种工具进行图像处理时,在属性栏中将显示当前使用工具的相应参数设置和选项,如图 1-11 所示。同样,用户通过对属性栏相关属性的设置,也可控制图形对象产生相应的变化。

图 1-11　缩放工具属性栏

5. 工具箱

默认情况下，CorelDRAW X4 的工具箱位于窗口的最左侧，要使用某种工具，只需单击该工具即可。某些工具按钮右下角带有 符号，表示该工具还包含有子工具，单击小三角符号或者按住显示的工具不放，即可弹出其展开工具条，如图 1-12 所示。

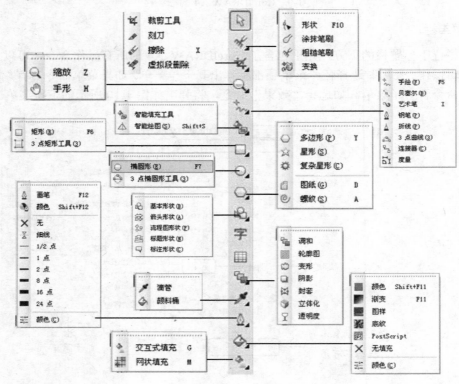

图 1-12　工具箱

6. 页面控制栏

在 CorelDRAW X4 中，一个文件可以存在多个页面。页面控制栏的中间显示的是当前活动页面的页码和总页码，单击页面标签或者箭头来选择需要的页面。通过该控制栏可以选择、添加和删除页面，也可以查看每个页面的内容，如图 1-13 所示。

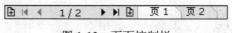

图 1-13　页面控制栏

7. 状态栏

状态栏用于显示当前操作或操作提示信息，它会随操作的变化而变化，并帮助用户掌握更多的使用方法和操作技巧。

8. 标尺、辅助线和网格

在 CorelDRAW X4 中，提供有标尺、辅助线和网格等辅助工具，利用它们可以帮助用户更精确地绘制图形。选择"视图"→"标尺"、"视图"→"辅助线"或"视图"→"网格"

命令，即可完成标尺、辅助线和网格的显示与隐藏操作。

9. 泊坞窗

默认状态下，泊坞窗一般位于窗口右侧，用来放置各种管理器和编辑命令的工作面板。选择"窗口"→"泊坞窗"命令，在弹出的子菜单下即可打开各种不同的泊坞窗。当用户打开多个泊坞窗时，除了当前泊坞窗外，其他泊坞窗将以标签形式显示在其边缘，单击标签可切换到其相应的泊坞窗，如图 1-14 所示。

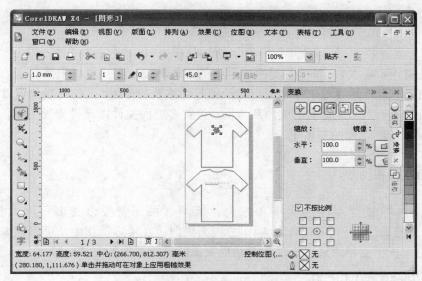

图 1-14　CorelDRAW X4 的泊坞窗

10. 调色板

调色板默认状态下位于窗口的最右侧，在其中放置了各种颜色色标，可以对图形和图形轮廓进行色彩填充。单击一种颜色块并按住鼠标左键不放，将会弹出一组与该颜色相关的各种深浅颜色选择框。另外，单击调色板下方的 ⊡ 按钮，可将调色板向下滚动，以便能选择其他种类的颜色；单击其下方的 ⊩ 按钮，可显示所有颜色块，如图 1-15 所示。

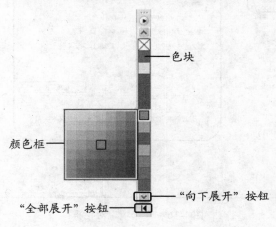

图 1-15　调色板

11. 绘图区

绘图区包括绘图页面和绘图页面以外的区域。绘图页面指工作界面中生成的一个矩形范围，用户可以在工作区或者绘图页面中绘制图形，但是只有在绘图页面区域内的图形才能被打印出来，绘图页面外的区域只可以作为临时绘图的地方，在设计完成后要把所有的图形移到绘图页面。用户也可根据绘图需要，对页面的大小进行设置。

1.3   工作环境的设置及优化

启动 CorelDRAW X4 后的界面是系统默认的工作环境，用户可以根据自己的喜好和需要来设置工作环境，合理地设置工作环境可对绘图起到重要的作用。工作环境的设置及优化主要包括设置页面、页面背景、页面的大小和方向、设置多页面文件以及设置视图等，设置好绘图环境后才能保证绘图工作的有条不紊。

1.3.1   设置页面

设置页面包括设置页面的大小和方向、版面、页面背景以及多页面文件等。启动 CorelDRAW X4 后，页面大小默认为 A4，方向为纵向，在实际工作中，可以根据需要设置页面的大小和方向。下面将通过"选项"对话框来讲解设置页面的方法。

1. 设置页面的大小和方向

下面将讲解通过"选项"对话框设置页面大小和方向的方法，具体操作步骤如下：

（1）启动 CorelDRAW X4，选择"版面"→"页面设置"命令，打开如图 1-16 所示的"选项"对话框。

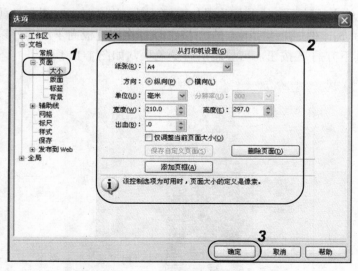

图 1-16   "选项"对话框

（2）在"方向"栏中选中 ⊙纵向(P)或 ⊙横向(D)单选按钮来确定页面的方向，在"纸张"

下拉列表框中可以选择预设的纸张类型，或者在"宽度"和"高度"数值框中输入数值来自定义页面的尺寸，完成后单击 确定(O) 按钮即可。

新建一个文件后，系统默认的属性栏如图 1-17 所示。通过属性栏也可以设置页面的大小和方向。

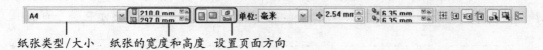

纸张类型/大小　　纸张的宽度和高度　设置页面方向

图 1-17　默认状态的属性栏

❖ 在"纸张类型/大小"下拉列表框中选择所需的纸张尺寸后，在"纸张的宽度和高度"数值框中将自动显示页面尺寸的大小。

❖ 也可以在"纸张的宽度和高度"数值框中直接输入数值来自定义页面的尺寸。

❖ 设置好页面的尺寸后，单击 按钮使页面纵向显示，单击 按钮使页面横向显示。

2. 设置版面样式

CorelDRAW X4 提供了很多预设的版面样式，可用于书籍、小册子和折卡等出版物的版面，还可以设置对开页。

设置版面样式的具体操作步骤如下：

（1）在"选项"对话框左侧的列表框中选择"版面"节点，如图 1-18 所示。

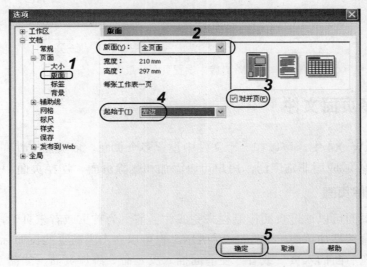

图 1-18　选择"版面"节点

（2）在"版面"下拉列表框中选择所需的版面样式，其中提供了全页面、活页、屏风卡、帐篷卡、侧折卡和顶折卡等样式。

（3）选中 对开页(F)复选框，设置活页的对开页，然后在"起始于"下拉列表框中选择对开页的方向，如选择"左边"选项，则可以由左边开始设置多页文档的第 1 页。设置完成后单击 确定(O) 按钮。

3. 设置页面背景

在默认状态下，CorelDRAW X4 的页面是透明无背景的。用户可以利用"选项"对话框对页面添加纯色或者位图背景，设置后的背景能够被打印出来。

为页面添加位图背景的具体操作步骤如下：

（1）在"选项"对话框左侧的列表框中选择"背景"节点。

（2）在对话框右侧选中 ⊙纯色(S) 单选按钮，然后单击旁边的 按钮，在弹出的颜色框中选择一种颜色，如图 1-19 所示。单击 确定(O) 按钮即可将所设置的颜色显示在整个页面中。

 如果要设置位图作为背景，则选中 ⊙位图(B) 单选按钮，然后单击 浏览(W) 按钮，在打开的"导入"对话框中选择一种图片作为背景。

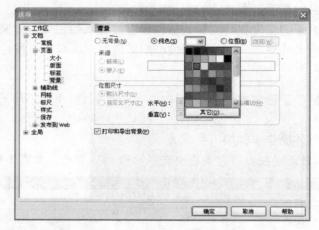

图 1-19　设置页面背景

1.3.2　设置多页面文件

在 CorelDRAW X4 中，可以在一个文件中设置多个页面。多页面文件在书籍排版、画册绘制、VI 设计等领域应用非常广泛，用户可以添加和删除页面、切换页面和重命名页面。

1. 添加和删除页面

添加和删除页面可以通过页面控制栏来完成。当前页为首页或者末页时，会出现 ➕ 按钮，单击该按钮，可直接添加页面，如图 1-20 所示。也可以右击当前页的页面标签，在弹出的快捷菜单中选择"在后面插入页"或者"在前面插入页"命令添加页面，如图 1-21 所示。

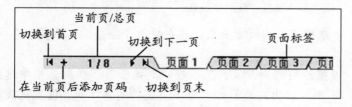

图 1-20　多页面控制栏

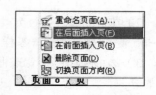

图 1-21　"插入页面"快捷菜单

当需要删除页面时,最简单的方法是右击页面标签,在弹出的快捷菜单中选择"删除页面"命令,如图 1-22 所示。如果要删除的连续页面较多,则可以选择"版面"→"删除页面"命令,打开"删除页面"对话框,在"删除页面"数值框中输入要删除页面的起始页,然后选中"通到页面"复选框,在后面的数值框中输入要删除页面的终止页,如图 1-23 所示,输入完成后,单击 确定 按钮,则起始页和末页之间的页面将被删除。

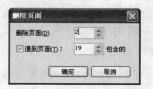

图 1-22　删除单页面　　　　　　　　图 1-23　删除多页面

2. 切换页面

直接单击页面控制栏上的"切换到上一页"按钮◀和"切换到下一页"按钮▶,可以切换页面。如果页面较多,则可以选择"版面"→"转到某页"命令,打开"定位页面"对话框,在"定位页面"数值框中输入要切换到的页面,单击 确定 按钮即可,如图 1-24 所示。

3. 重命名页面

单击页面控制栏上的页面标签,在弹出的快捷菜单中选择"重命名页面"命令,打开"重命名页面"对话框,在"页名"文本框中输入新的名称,单击 确定 按钮即可,如图 1-25 所示。

图 1-24　"定位页面"对话框　　　　　图 1-25　"重命名页面"对话框

1.3.3　管理视图

对视图进行管理包括使用缩放工具放大、缩小和平移页面视图以及选用合适的显示模式查看视图等。

1. 使用缩放工具管理视图

使用缩放工具可以对视图进行缩放、平移以及全屏幕显示页面,它仅改变视图的大小,对页面中对象的大小没有影响。

单击工具箱中的缩放工具🔍或者在工具箱上的任何位置右击,在弹出的快捷菜单中选择"缩放"命令,将弹出如图 1-26 所示的缩放工具属性栏。

图 1-26　缩放工具属性栏

❖　"缩放级别"下拉列表框 100% ：在该下拉列表框中可以选择多种缩放比例选项。

◆ "放大"按钮：可以将图形对象以两倍的比例放大（按 F2 键，再单击鼠标也可以将图像放大）。

◆ "缩小"按钮：可以将图形对象以两倍的比例缩小（按 F3 键，再单击鼠标也可以将图像缩小）。

◆ "缩放选定范围"按钮：将图形对象最大限度地显示在窗口中（前提是选中该图片，如果没有选中该图片，则该按钮以灰度显示）

◆ "缩放全部对象"按钮：将页面中的所有图形对象最大限度地显示在图形窗口中（按 F4 键也可显示全部对象）。

◆ "显示页面"按钮：将显示整个绘图页面中的所有图形。

◆ "按页宽显示"按钮：在窗口中最大限度地显示页面宽度。

◆ "按页高显示"按钮：在窗口中最大限度地显示页面高度。

2. 显示模式

显示模式主要用于快速浏览。在绘制复杂图形时，使用显示模式可以非常方便地查看图形效果。在 CorelDRAW X4 的"视图"菜单中提供了 5 种查看绘图的模式，分别是简单线框模式、线框模式、草稿模式、正常模式和增强模式，如图 1-27 所示，各个模式的效果介绍如下。

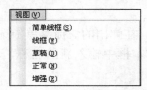

图 1-27　查看绘图的模式

◆ 简单线框：只显示对象轮廓，图形中的立体、填充等效果不会被显示出来。使用该模式可以更方便地查看、选择和编辑对象，以该模式显示的图形效果如图 1-28 所示。

◆ 线框：该模式将隐藏图形的填充，只显示单色位图、渐变、立体、轮廓图和调和形状对象。其显示效果与简单线框模式类似，如图 1-29 所示。

◆ 草稿：该模式可显示标准填充色和低分辨率位图，它将透视显示为纯色，将渐变填充显示为起始色和终止色的调和，如图 1-30 所示。

图 1-28　简单线框模式

图 1-29　线框模式

图 1-30　草稿模式

◆ 正常：除不能显示 PostScript 填充外，其他都能显示。使用该模式既能保证图形的显示质量，也不会影响到刷新速度。以该模式显示的图形效果如图 1-31 所示。

◆ 增强：使用两倍超取样来达到最好的显示效果，该模式对电脑的性能要求较高。以该模式显示的图形效果如图 1-32 所示。

图 1-31　正常模式

图 1-32　增强模式

1.4　上机练习——制作个性化的工作界面

　　启动 CoreIDRAW X4 后的界面是系统默认的工作界面，用户可以根据自己的喜好和需要来设置工作环境，如调整菜单栏、标准工具栏、工具箱和状态栏的位置、大小以及对它们进行显示和隐藏操作等。有两种方法可以实现工作环境的设置及优化，一是通过右击，二是通过"选项"对话框。

1.4.1　通过右击

　　右击菜单栏、标准工具栏、工具箱和状态栏等，在弹出的快捷菜单中选择相应命令来设置它们的隐藏或显示状态，这样用户可以最大限度地使用绘图空间。下面以使用鼠标右键对状态栏进行显示和隐藏操作为例进行讲解，具体操作步骤如下：

　　（1）在 CoreIDRAW X4 工作界面中，移动鼠标光标到状态栏上，单击鼠标右键，在弹出的快捷菜单中选择"状态栏"命令，如图 1-33 所示，则"状态栏"前的☑符号消失，此时工作界面中的状态栏将被隐藏。

　　（2）在工作界面中任意工具栏的空白处右击，在弹出的快捷菜单中再次选择"状态栏"命令，如图 1-34 所示，则"状态栏"前的☑符号出现，状态栏将显示出来。

图 1-33　隐藏状态栏

图 1-34　显示状态栏

　　在 CoreIDRAW X4 中，在菜单栏、标准工具栏、属性栏、工具箱、调色板等前端出现的双竖线控制柄上双击，将其调整为浮动面板，然后可将其拖动放置到需要的位置。

1.4.2 通过"选项"对话框

通过"选项"对话框可以更加详细地设置和优化工作环境。选择"工具"→"选项"命令,在弹出的对话框中可以定制快捷键、设置工具栏中按钮的显示大小和位置以及设置调色板的行数、色块大小和边框等选项。

下面使用"选项"对话框设置及优化工作环境,具体操作步骤如下:

(1)选择"工具"→"选项"命令,打开"选项"对话框,在左边的列表框中展开"工作空间"节点,如图 1-35 所示。

(2)单击"自定义"节点前的 ⊞ 按钮,在展开的下一级节点中选择"命令栏"节点,在"命令栏"列表框中选择需要显示在工作界面上的工具栏,并设置工具栏中按钮显示的大小和位置,如图 1-36 所示。

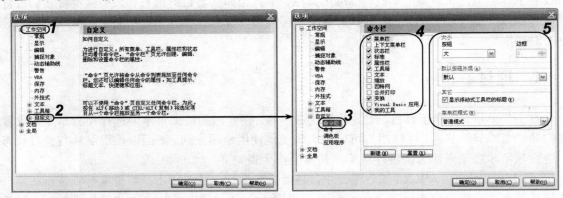

图 1-35 展开"工作空间"节点 图 1-36 选择"命令栏"节点

(3)用同样的方法,还可以选择左边列表框中"自定义"节点下的"命令"、"调色板"和"应用程序"节点,然后在右侧分别设置自定义选项。

1.5 本 章 小 结

本章主要介绍了关于 CorelDRAW X4 的一些基础知识,包括 CorelDRAW X4 的欢迎屏幕、工作界面的组成、工作环境的设置及优化以及自定义工作界面的方法等。读者应该了解并掌握以下几方面的内容,为后面章节的学习作好充分的准备。

(1)了解 CorelDRAW X4 的应用领域、启动该软件的方法以及 CorelDRAW X4 的欢迎屏幕。

(2)熟悉 CorelDRAW X4 工作界面的组成,包括标题栏、菜单栏、标准工具栏、属性栏、工具箱、页面控制栏、状态栏、标尺、泊坞窗、调色板和绘图区等部分,并了解各组成部分的基本操作功能。

(3)掌握工作环境的设置及优化方法,主要包括设置页面、多页面文件以及视图等。设置好绘图环境后才能保证绘图工作的有条不紊。

1.6　习　　题

一、填空题

1．页面设计的辅助工具有＿＿＿＿＿、＿＿＿＿＿和＿＿＿＿＿。

2．CorelDRAW X4 的工作界面主要由＿＿＿＿＿、＿＿＿＿＿、＿＿＿＿＿、＿＿＿＿＿、＿＿＿＿＿、和＿＿＿＿＿等部分组成。

3．在 CorelDRAW X4 的"视图"菜单中提供了 5 种图形的查看模式，分别是＿＿＿＿＿、＿＿＿＿＿、＿＿＿＿＿、＿＿＿＿＿和＿＿＿＿＿。

4．选择"视图"→"标尺"、"视图"→"辅助线"、"视图"→"网格"命令，即可完成标尺、辅助线和网格的＿＿＿＿＿操作。

二、选择题

1．下列选项中可以被打印和输出的是＿＿＿＿＿。

A．标尺　　　　　B．网格　　　　　C．辅助线　　　　　D．页面背景

2．CorelDRAW X4 默认的标准保存格式是＿＿＿＿＿。

A．.cdr　　　　　B．.jpg　　　　　C．.gif　　　　　D．.psd

三、问答题

1．简述 CorelDRAW X4 的应用领域。

2．简述如何使用缩放工具对视图进行缩放、平移以及全屏幕显示页面。

3．删除单页面和多页面文件的方法是什么？

4．辅助线的作用是什么？如何移动、旋转、复制和删除辅助线？

四、操作题

根据本章所讲知识和自己的喜好自定义工作界面。

第 2 章　CorelDRAW X4 文件操作

本章导读

使用 CorelDRAW X4 绘图之前，先来了解图像的基本知识和文件的基本操作。文件的基本操作包括新建文件、保存文件、关闭文件、打开文件、导入与导出文件等，熟练掌握这些基本操作是使用 CorelDRAW X4 进行绘图设计的基础。

本章要点

- ⦿ CorelDRAW X4 图像基础知识
- ⦿ CorelDRAW X4 基本操作

2.1　CorelDRAW X4 图像基础知识

在使用 CorelDRAW X4 绘制丰富多彩的图形之前，首先要了解一些图像的基础知识，包括矢量图和位图、像素和分辨率、文件格式、色彩模式等。

2.1.1　矢量图和位图

矢量图和位图是静态图像的两种类型，如 CorelDRAW、Illustrator、AutoCAD 等软件是基于矢量图的程序，而 Photoshop 则是基于位图的程序。那么矢量图像和位图图像的区别是什么呢？下面来详细进行讲解。

1. 矢量图

矢量图像，也称为面向对象的图像或绘图图像，由点、线、面等元素组成。矢量文件中的图形元素称为对象。每个对象都是一个自成一体的实体，它具有颜色、形状、轮廓、大小和屏幕位置等属性。既然每个对象都是一个实体，就可以在维持对象原有清晰度和弯曲度的同时，多次移动和改变它的属性，而不会影响到图例中的其他对象。这些特征使基于矢量的程序特别适用于图例和三维建模，因为它们通常要求能创建和操作单个对象。由于矢量图不记录像素的数量，与分辨率无关，所以在任何分辨率下，无论放大多少倍，图像都有一样平滑的边缘和清晰的视觉效果，如图 2-1 所示。再加上矢量图的文件体积较小，因此常常被用于图案画质要求较高的标志设计、图案设计、文字设计以及工艺美术设计等领域，有着广泛的应用。矢量图常用的格式有 DWG、DXF、CDR 等。

图 2-1　矢量图缩放前后的对比效果

2. 位图

位图也称为像素图或者点阵图，简单地说，就是最小单位由像素构成的图。位图单位面积内所含像素越多，图像越清晰，颜色之间的混合也越平滑。当位图被放大到一定程度时，图像的显示效果就会变得越来越不清晰，即产生失真现象，如图 2-2 所示。但是位图图像色彩绚丽，能完美体现出现实生活中的大部分色彩，表现力接近照片，因此也有着广泛的应用。常用的格式有 JPG、TIF、BMP、GIF 等。

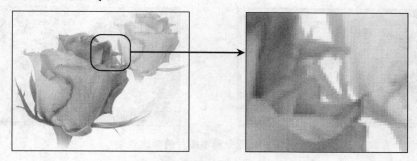

图 2-2　位图缩放前后的对比效果

> 矢量图无法通过扫描获得，主要是在 CorelDRAW 等矢量设计软件中生成；位图除了可由 Photoshop 等软件生成外，还可以由数码相机、扫描仪等设备输出生成。尽管 CorelDRAW 是生成矢量图的程序，但它可以导入位图进行编辑，还可将矢量图转换为位图导出。

2.1.2　像素和分辨率

位图图像的大小和质量主要取决于图像中像素点的多少。

分辨率是指每英寸图像包含的像素点的数目，通常每平方英寸的面积上所含的像素点越多，图像就越清晰，文件也越大；反之图像就越模糊，图像文件也越小。分辨率的单位为"像素/英寸"，如"350 像素/英寸"即指每英寸长度上的像素点为 350 个。

启动 CorelDRAW X4 后，选择"工具"→"选项"命令，打开"选项"对话框，在左侧列表框中选择"常规"节点，在右侧的"分辨率"下拉列表框中可以设置分辨率的大小，然后单击"确定"按钮即可，如图 2-3 所示。

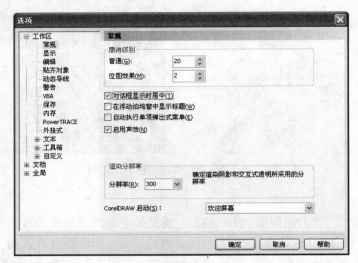

图 2-3 "选项"对话框

如图 2-4 所示为图像分辨率不同的对比效果。

图 2-4 高低分辨率图片的对比效果

2.1.3 文件格式

不同的文件有不同的文件格式,通常可以通过其扩展名来进行区别,如扩展名为.psd 的文件表示 Photoshop 格式文件,而扩展名为.cdr 的文件表示 CorelDRAW 格式文件。对于各种不同的文件格式,用户可在保存文件或者导入/导出文件时根据需要选择合适的文件类型,然后程序会生成相应的文件格式,并为其添加相应的扩展名。

CorelDRAW 是一个图形设计软件,它提供了 CDR、JPG、BMP、TIF 等图形文件格式。用户在保存文件或者导入/导出文件时,在其"保存类型"或者"文件类型"下拉列表框中可选择不同的文件格式。常见的图像文件格式主要有以下几种。

1. CDR 格式

CDR 格式是 CorelDRAW 生成的默认文件格式,并且只能在 CorelDRAW 中打开,不能在其他程序中直接打开。

2. JPEG(.jpg、.jpe)格式

JPEG 通常简称 JPG,是一种较常用的有损压缩技术,主要用来压缩图像。在压缩过程中丢失的信息并不会严重影响图像的质量,但会丢失部分不易察觉的数据,所以不宜使用此格式

进行印刷。该格式主要用于图像预览及超文本文档，如 HTML 文档等。

3. BMP（.bmp、.rle）格式

BMP 图像文件格式是 Windows 操作系统下一种标准的点阵式图像文件格式。它支持 RGB、索引色、灰度和位图色彩模式，但不支持 Alpha 通道，也不支持压缩功能。因此以 BMP 格式保存的文件通常比较大，画质也好。

4. TIFF（.tif）格式

TIFF 格式是为彩色通道图像创建的最有用的图像文件格式，并可在多个图像软件之间进行数据交换。该格式支持 RGB、CMYK、Lab 和灰度等色彩模式，而且在 RGB、CMYK 及灰度等模式中支持 Alpha 通道。

5. PSD 格式

PSD 格式是 Photoshop 软件常常使用的一种格式，是唯一能支持全部色彩模式的格式。以该格式保存的图像可以包含图层、通道及颜色模式，文件一般比较大。

2.1.4　色彩模式

色彩模式是大部分平面设计软件中的一个重要概念。在 CorelDRAW X4 中常用的色彩模式有 RGB 模式、CMYK 模式、HSB 模式、Lab 模式、灰度模式和索引色模式等，下面将分别进行介绍。

1. RGB 模式

RGB 是一种加色模式，代表的是三原色 R（Red）红色、G（Green）绿色、B（Blue）蓝色的首字母，3 种色彩按一定的比例叠加，将形成丰富的其他颜色。就编辑图像而言，RGB 模式是最佳的色彩模式，电脑显示器、电视机和幻灯片上产生的颜色即是 RGB 色。

2. CMYK 模式

CMYK 也称印刷色彩模式，是一种常用的印刷方式。CMYK 代表印刷上的 4 种颜色，即 C（Cyan）代表青色、M（Magenta）代表洋红色、Y（Yellow）代表黄色、K（Black）代表黑色。相对于 RGB 模式的加色混合模式，CMYK 的混合模式是一种减色叠加模式，它通过反射某些颜色的光并吸收另外一些颜色的光来产生不同的颜色。如果将四色油墨中的两种或两种以上的颜色相叠加，叠加的种类和次数越多，所得到的颜色就越暗，反射回的白色就越少，因此称之为减色法混合。CorelDRAW 调色板中默认的颜色模式就是 CMYK 模式。

3. HSB 模式

HSB 模式是根据颜色的色相（Hue）、饱和度（Saturation）和亮度（Brightness）来定义颜色的。色相是利用物体本身的颜色名称来命名；饱和度指物体的纯度，即颜色的鲜艳程度，衡量标准是纯色中灰色成分的相对比例数量；亮度指颜色的明暗程度。

4. Lab 模式

Lab 模式是一种国际色彩标准模式，该模式将图像的亮度和色彩分开，分为 L、a、b 3 个通道，其中 L 通道代表的是亮度；a 通道为从绿到灰，再到红色；b 通道为从蓝到灰，再到黄

的色彩范围。

5. 灰度模式

灰度模式又称 8 比特深度图,通过产生 256 级的灰色调可以将一个彩色文件转换为灰度模式。使用这种模式,文件中的所有色彩信息将消失且不能被还原。

6. 索引色模式

索引色又称映射色彩,该模式的图像只能通过间接的方式创建,而不能直接获得。所以该模式的图像只可作特殊效果及专用,而不能用于常规的印刷。

2.2　CorelDRAW X4 基本操作

CorelDRAW X4 的基本操作包括对图形文件的新建、保存、关闭、打开、导入和导出等,熟练掌握这些基本操作是使用 CorelDRAW X4 绘制图形的前提。

2.2.1　新建图形文件

在 CorelDRAW X4 中绘制图形前,必须先新建一个图形文件。新建图形文件的方法比较简单,主要有以下几种。

❖ 单击桌面左下角的 ![开始] 按钮,在弹出的菜单中选择"所有程序"→CorelDRAW Graphics Suite X4→CorelDRAW X4 命令,启动 CorelDRAW X4 后,在弹出的欢迎屏幕中单击"新建"按钮 ,即可新建一个图形文件。

❖ 启动 CorelDRAW X4,在其工作界面的标准工具栏中单击"新建"按钮 ,或者按 Ctrl+N 键即可新建一个图形文件。

❖ 启动 CorelDRAW X4,选择"文件"→"新建"命令也可新建一个图形文件。

❖ 启动 CorelDRAW X4,选择"文件"→"从模板新建"命令,在打开的对话框中选择需要的模板后,就可以从模板新建一个图形文件。

2.2.2　保存图形文件

新建文件后,默认的文件名为"图形1.CDR",当图形绘制完成后,需要对该文件进行命名保存,以便管理和使用文件。保存图形文件可以分为保存文件、另存为文件、自动保存文件等。

1. 保存文件

选择"文件"→"保存"命令,或者在标准工具栏中单击 按钮,打开"保存绘图"对话框。在"保存在"下拉列表框中选择保存的位置,在"文件名"下拉列表框中输入文件的名称,在"保存类型"下拉列表框中选择要保存的文件类型,设置完成后,单击"保存"按钮即可将图形文件保存下来,如图 2-5 所示。

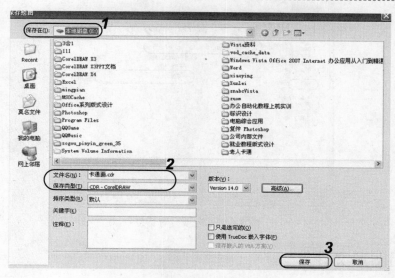

图 2-5 "保存绘图"对话框

❖ 在"版本"下拉列表框中可以选择相应的版本。例如，选择"Version 14.0 版"，这样该文件就可以在 CorelDRAW 14.0 及以上版本中打开，在 CorelDRAW 14.0 以下版本中不能打开。

❖ 在"关键字"文本框中输入文件的关键字；在"注释"文本框中输入要存储文件的相关信息，以便以后查找。

❖ 单击 [高级(A)...] 按钮，打开"选项"对话框，在其中可以设置文件存储的内存空间、备份等属性。

2. 另存为文件

用户也可以将已经保存过的文件保存在其他位置，并将其重新命名。选择"文件"→"另存为"命令或者按 Shift+Ctrl+S 键，打开"保存绘图"对话框，在该对话框中进行设置后，就可以将文件另存在其他位置。

> 用户选择图形对象中的一部分图形，然后在图 2-5 中选中 ☑只是选定的(O) 复选框，单击 [保存] 按钮，可以将选定部分的图形保存下来。

3. 自动保存文件

CorelDRAW X4 中提供有自动保存文件的功能，选择"工具"→"选项"命令，打开"选项"对话框，在左侧的列表框中选择"保存"节点，在右侧的"自动备份"栏中设置文件保存的时间间隔和保存路径等，设置完成后，单击"确定"按钮即可，如图 2-6 所示。

> 设置完成自动保存功能后，文件每隔一段时间便会自动进行保存，这样可减少因发生不可预期情况突然终止工作而造成的损失。

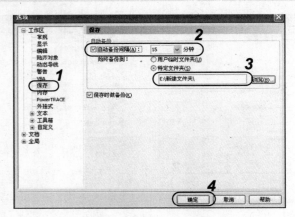

图 2-6 "选项"对话框

2.2.3 关闭图形文件

图形文件绘制完成并将其保存后，可以关闭当前打开的文件，方法有以下几种。

❖ 选择"文件"→"关闭"命令。

❖ 单击菜单栏右侧的 ✕ 按钮。

❖ 若打开了多个图形文件，需要同时关闭，则选择"文件"→"全部关闭"命令。

若需要关闭的图形文件没有保存，则弹出如图 2-7 所示的提示对话框。单击 是(Y) 按钮对文件进行保存，单击 否(N) 按钮则不保存文件，单击 取消 按钮则取消文件的关闭操作。

图 2-7 保存提示对话框

2.2.4 打开图形文件

当用户需要编辑已有的图形文件时，首先需要打开该文件，选择"文件"→"打开"命令或者单击标准工具栏中的 按钮（或者按 Ctrl+O 键）均可打开"打开绘图"对话框，查找到需要打开的文件，单击 打开 按钮，即可将图形文件打开，如图 2-8 所示。

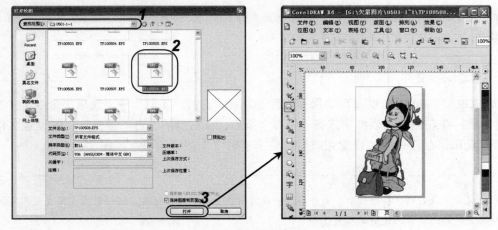

图 2-8 打开图形文件

2.2.5　导入与导出图形文件

CorelDRAW X4 是矢量图的绘制软件，为了满足绘图的需要，经常需要将其他格式的文件导入到 CorelDRAW X4 中，或者将 CorelDRAW X4 生成的文件导出，这样 CorelDRAW X4 就可以和其他应用程序交换文件。

1. 导入图形文件

在实际工作中，可能需要经常导入各种格式的图形文件，如将 JPG、BMP 和 TIF 等格式的文件导入到 CorelDRAW 程序中使用。

选择"文件"→"导入"命令，或者单击标准工具栏中的"导入"按钮 ，打开"导入"对话框，在"查找范围"下拉列表框中找到导入文件所在的位置，在"文件类型"下拉列表框中选择文件的格式，一般选择"所有文件格式"选项。然后单击需要导入的文件，再选中 预览(P) 复选框，单击 导入 按钮，此时光标变为 形状，在页面中单击鼠标即可导入该图形文件，效果如图 2-9 所示。

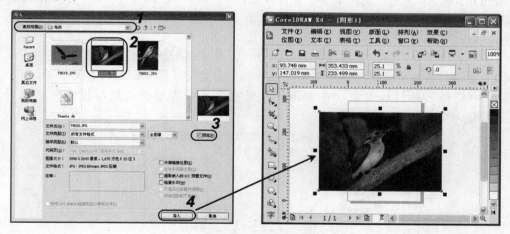

图 2-9　导入图形对象

2. 导出图形文件

导出图形文件就是将 CorelDRAW X4 生成的 CDR 格式的文件转换为 JPG、TIF 和 BMP 等格式文件，以便于 CorelDRAW 生成的文件也可在其他程序中应用。

选择"文件"→"导出"命令或者单击标准工具栏中的"导出"按钮 ，打开"导出"对话框（如图 2-10 所示），在"保存在"下拉列表框中选择要保存该文件的位置，在"文件名"下拉列表框中输入要导出文件的名字，在"保存类型"下拉列表框中选择文件要保存的格式，然后单击 导出 按钮，打开"转换为位图"对话框，根据需要进行设置后单击 确定 按钮，即可完成该文件的导出，如图 2-11 所示。

在 CorelDRAW X4 中也可以只导出选定的对象，方法是先选择要导出的文件对象，在"导出"对话框中选中 只是选定的(O) 复选框，然后单击"导出"按钮即可。

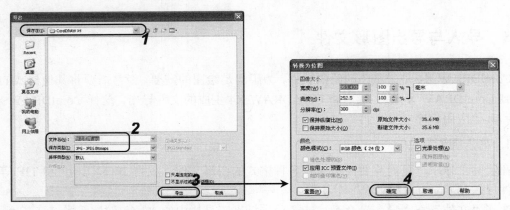

图 2-10　"导出"对话框 　　　　　　　图 2-11　"转换为位图"对话框

2.2.6　实例：从模板新建图形文件

CorelDRAW X4 为用户提供了多个文件模板，用户可以利用这些模板快速绘制图形，可以大大提高工作效率。

使用模板新建文件的具体操作步骤如下：

（1）选择"文件"→"从模板新建"命令，打开"根据模板新建"对话框。

（2）在该对话框中提供了许多实用的模板，如全页面、标签、封套、侧折等，用户可根据需要从中选择一种模板类型，在右侧的预览框中可以查看所选的模板样式，然后单击 <u>　确定　</u> 按钮，如图 2-12 所示。

图 2-12　"根据模板新建"对话框

（3）用户也可自定义模板，选择"浏览"选项卡，在"浏览"选项区中选择一种 CDR 格式的文件，单击 <u>　确定　</u> 按钮载入到文件中，如图 2-13 所示。

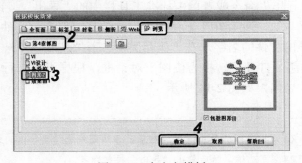

图 2-13　自定义模板

选择模板的同时，也要选中 ☑包括图形(I) 复选框，这样可以把模板中的属性设置和图形同时加载到
文件中，否则只是加载模板中的属性设置。

2.3　上机练习——制作简单的 CorelDRAW 图形文件

新建一个文件，设置页面大小为 150mm×100mm，导入一张位图图片，然后设置页面背
景为蓝色，最后保存文件。具体操作步骤如下：

（1）启动 CorelDRAW X4，在打开的欢迎屏幕窗口中单击"新建空文件"超链接，新建
一个空白文件。

（2）在属性栏的"纸张类型/大小"下拉列表框中选择"自定义"选项，在"纸张宽度和
高度"数值框中分别输入"150.0mm"和"100.0mm"，在"单位"下拉列表框中选择"毫米"
选项，如图 2-14 所示。

图 2-14　设置页面大小

（3）选择"文件"→"导入"命令，打开"导入"对话框，找到需要导入的文件后，单
击 导入 按钮，此时光标变为 形状，在页面中单击鼠标即可导入该图形文件，如图 2-15
所示。

图 2-15　导入图形文件

（4）选择"工具"→"选项"命令，打开"选项"对话框，在左侧的列表框中展开"文
档"→"页面"→"背景"节点。

（5）在右侧的"背景"栏中选中 ◉ 纯色(S) 单选按钮，在此单选按钮右侧的颜色下拉列表
框中选择"蓝色"，如图 2-16 所示。

（6）单击"确定"按钮，添加蓝色的页面背景，效果如图 2-17 所示。

（7）在标准工具栏中单击 按钮，打开"保存绘图"对话框，选择保存的位置和输入文
件名称后，单击"保存"按钮即可。

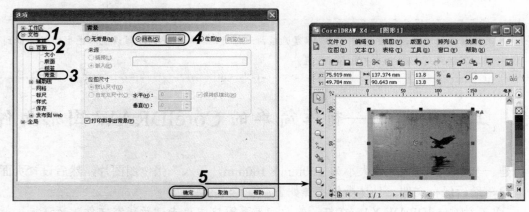

图 2-16　"选项"对话框　　　　　　　图 2-17　添加页面背景

2.4　本章小结

本章主要介绍了关于 CorelDRAW X4 图像的基础知识和 CorelDRAW X4 的基本操作,用户只有认识了这些基础知识并熟练掌握了这些基础操作,才能更加得心应手地进行学习。本章学习的内容具体包括以下两个方面。

（1）了解 CorelDRAW X4 图像的基础知识,具体包括矢量图和位图,像素和分辨率,CDR、JPG、BMP、TIF 等图形文件格式,RGB 模式、CMYK 模式、HSB 模式、Lab 模式、灰度模式和索引色模式等色彩模式。

（2）掌握 CorelDRAW X4 的基本操作,主要包括新建、保存、关闭、打开、导入和导出文件等。

2.5　习　题

一、填空题

1．CMYK 颜色模式由＿＿＿＿、＿＿＿＿、＿＿＿＿和＿＿＿＿ 4 种颜色组成。

2．＿＿＿＿颜色模式是加色模式,＿＿＿＿颜色模式是减色叠加模式。

3．导入文件的快捷键是＿＿＿＿,导出文件的快捷键是＿＿＿＿。

4．选择"＿＿＿＿"→"＿＿＿＿"命令,可以打开"选项"对话框。

二、选择题

1．下列图像格式中可以被打印和输出的是＿＿＿＿。

    A．CDR　　　　　　B．TIF　　　　　　C．JPG　　　　　　D．BMP

2．新建文件的快捷键是＿＿＿＿,打开文件的快捷键是＿＿＿＿,保存文件的快捷键是＿＿＿＿,另存文件的快捷键是＿＿＿＿。

    A．Ctrl+N　　　　　B．Ctrl+S　　　　　C．Shift+Ctrl+S　　D．Ctrl+O

三、问答题

1. 矢量图和位图图像有哪些区别？
2. 什么是分辨率？
3. 常见的颜色模式有哪几种？它们各自的特点是什么？
4. 常用的文件格式有哪几种？它们各自的特点是什么？
5. 简述导入和导出文件的方法。

四、操作题

1. 根据模板创建一个 CorelDRAW X4 图像文件，并设置合适的页面大小和页面背景。
2. 在 CorelDRAW X4 中导入一个 JPG 格式的文件，并将其保存。

第3章 绘制基本图形

本章导读

绘制基本图形是 CorelDRAW X4 最基础的功能，是绘制复杂图形的前提。基本图形是指利用 CorelDRAW X4 的基本图形工具绘制规则形状和不规则形状。作为平面设计的图形软件 CorelDRAW X4 提供的基本图形工具包括基本的几何形状和不规则的曲线或线段，如矩形、圆形、多边形、符号形状、星形、形状工具和表格工具等。

本章要点

- ◎ 绘制几何图形
- ◎ 使用基本形状工具组
- ◎ 使用表格工具

3.1 绘制几何图形

几何图形在生活中随处可见，在 CorelDRAW X4 中几何图形是指利用基本形状工具绘制的图形，如矩形、椭圆、多边形、螺纹和符号形状等。下面详细介绍这些几何图形的绘制方法。

3.1.1 绘制矩形

在 CorelDRAW X4 中，绘制矩形的工具有矩形工具和 3 点矩形工具两种，通过在其属性栏中修改属性可以调整矩形的大小。

1. 使用矩形工具

在工具箱中单击矩形工具 ▭，将鼠标光标移动到绘图页面中，在矩形的起点处单击，拖动鼠标指针到合适的位置后释放鼠标，即可绘制出一个矩形，效果如图 3-1 所示。

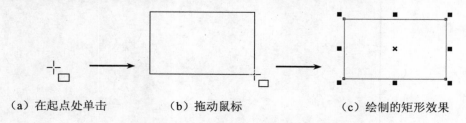

（a）在起点处单击　　　　（b）拖动鼠标　　　　（c）绘制的矩形效果

图 3-1　使用矩形工具绘制矩形的步骤

单击矩形工具并按住 Shift 键不放拖动鼠标，可以绘制出以鼠标单击点为中心的矩形；按住 Ctrl 键不放并拖动鼠标，可以绘制出一个正方形；双击矩形工具可以绘制出和页面大小一样的矩形。

2. 使用 3 点矩形工具

在工具箱中单击 3 点矩形工具，在页面中按住鼠标左键不放拖动鼠标到所需的位置后释放鼠标，即可拖出一条线段作为矩形的一边，继续拖动鼠标，当达到所需大小后单击鼠标，即可绘制出一个矩形，效果如图 3-2 所示。

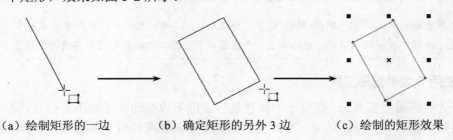

（a）绘制矩形的一边　　　（b）确定矩形的另外 3 边　　　（c）绘制的矩形效果

图 3-2　使用 3 点矩形工具绘制矩形的步骤

3. 使用矩形工具属性栏

单击矩形工具，其属性栏如图 3-3 所示。在该属性栏中可以改变矩形的尺寸，可以设置矩形的边角圆滑度。

图 3-3　矩形工具属性栏

◇　坐标：在 X 和 Y 两个文本框中输入数值，将确定绘制的矩形在页面上的位置。
◇　"对象大小"文本框：在该文本框中输入数值，将确定绘制矩形的大小。
◇　矩形的边角圆滑度：在矩形的左边角和右边角数值框中输入圆滑角度数，可以绘制圆角矩形。
◇　"转化为曲线"按钮：单击该按钮，可以将绘制的矩形转换为曲线图形。

绘制出矩形后，单击形状工具，选中矩形的 4 个节点，再单击其中的任一个节点并按住鼠标左键向矩形内部拖动，到适当位置后释放鼠标，也可绘制出一个圆角矩形。

3.1.2　绘制椭圆

绘制椭圆的工具有椭圆形工具和 3 点椭圆形工具两种，通过其属性栏可以绘制饼形和弧形。

1. 使用椭圆形工具

在工具箱中单击椭圆形工具，将鼠标光标移动到绘图页面中，在椭圆的起点处单击，然后按住鼠标左键不放拖动鼠标，到合适的位置后释放鼠标，即可绘制出一个椭圆，效果如图 3-4 所示。

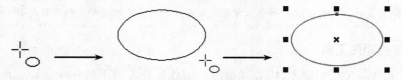

图 3-4　使用椭圆形工具绘制椭圆的步骤

单击椭圆形工具 ⬭，按住 Shift 键不放并拖动鼠标，可以绘制出以鼠标单击点为中心的椭圆；按住 Ctrl 键不放并拖动鼠标，可绘制出一个正圆形。另外，切换到椭圆工具的快捷键是 F7。

2. 使用 3 点椭圆形工具

单击 3 点椭圆形工具 ⬭，在页面中按住鼠标左键不放拖动鼠标到所需位置，拖出一条线段作为椭圆的一条直径，释放鼠标，再继续拖动鼠标确定椭圆的另一条直径，然后单击鼠标，即可绘制出一个椭圆，效果如图 3-5 所示。

图 3-5　使用 3 点椭圆形工具绘制椭圆的步骤

3. 使用椭圆形工具属性栏

单击椭圆形工具 ⬭，其属性栏如图 3-6 所示。利用该属性栏可以绘制任意角度的饼形和弧形。

图 3-6　椭圆形工具属性栏

✧　单击椭圆形工具，绘制一个椭圆，在其属性栏中单击 ⬭ 按钮，即可将椭圆转化为饼形，再单击 ⬭ 按钮，即可将饼形转化为弧形，效果如图 3-7 所示。

图 3-7　将椭圆转化为饼形和弧形

✧　在属性栏的"起始和结束角度"数值框 ⬭ 中可以根据需要精确控制饼形或弧形的起止角度。

✧　单击属性栏中的 ⬭ 按钮，可以将现有的饼形或弧形切换到相应的默认部分，默认部分和原来的饼形或弧形刚好可以组成一个椭圆。

单击形状工具 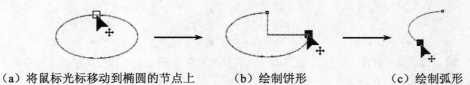，将光标移动到绘制椭圆的节点上，按住鼠标左键不放沿椭圆拖动节点，也可以绘制饼形和弧形，效果如图 3-8 所示。

（a）将鼠标光标移动到椭圆的节点上　　（b）绘制饼形　　　（c）绘制弧形

图 3-8　使用形状工具绘制饼形和弧形

3.1.3　使用多边形工具组

在工具箱中单击多边形工具 ，展开多边形工具组，在其中有多边形工具、星形工具、复杂星形工具、图纸工具和螺纹工具等，如图 3-9 所示。下面将分别讲解这些工具的使用方法。

图 3-9　多边形工具组

1.　绘制多边形

单击多边形工具 ，在属性栏的 数值框中设置多边形的边数，如图 3-10 所示。将鼠标光标移到页面中，按住鼠标左键不放并拖动鼠标，到达合适位置时释放鼠标，即可绘制出一个多边形，如图 3-11 所示。

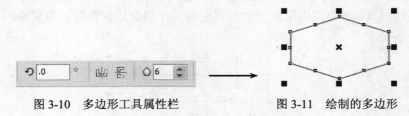

图 3-10　多边形工具属性栏　　　　图 3-11　绘制的多边形

单击多边形工具，在属性栏中设置多边形的边数后，按住 Ctrl 键不放拖动鼠标光标到合适位置后释放，即可绘制一个正多边形。

2.　绘制星形

单击星形工具 ，将鼠标光标移到页面中，按住鼠标左键不放并拖动鼠标，到达合适位置时释放鼠标，即可绘制出一个星形，效果如图 3-12 所示。

在属性栏的 数值框中可以设置星形的边数，如在该数值框中输入"9"，单击页面的任意处或按 Enter 键，即可绘制出一个九角星形，如图 3-13 所示；在 数值框中可以设置星形的尖角锐度，如将九角星的尖角度数改为 50，效果如图 3-14 所示。

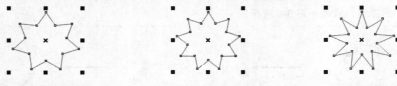

图 3-12　星形效果　　　图 3-13　九角星形效果　　图 3-14　改变星形的尖角效果

3. 绘制复杂星形

单击复杂星形工具，将鼠标光标移到页面中，按住鼠标左键不放并拖动鼠标，到达合适位置时释放鼠标，即可绘制出一个复杂星形，效果如图 3-15 所示。

在属性栏的 中可以设置星形的边数和星形尖角锐度，如在该数值框中输入"13"，单击页面的任意处或按 Enter 键，即可绘制出一个 13 角的复杂星形，效果如图 3-16 所示。改变 13 角复杂星形的尖角度数为 40，效果如图 3-17 所示。

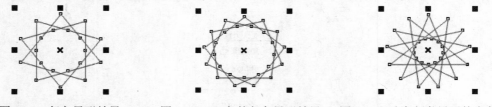

图 3-15　复杂星形效果　　图 3-16　13 角的复杂星形效果　图 3-17　改变复杂星形的尖角效果

4. 绘制网格

图纸工具主要用于制作网格，还可以把绘制好的网格拆分成独立的矩形，从而对其进行单独的编辑操作。图纸工具主要用在绘制底纹、VI 设计等方面。

单击图纸工具，在属性栏的"图纸行和列数"数值框中输入表格的行数和列数，将鼠标光标移动到页面中，按住鼠标左键不放拖动光标到合适位置后释放鼠标，即可绘制出网格图形，如图 3-18 所示。

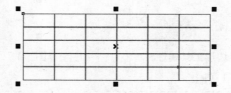

图 3-18　绘制的网格图形

利用图纸工具绘制的网格实际上是由若干个矩形群组而成，选择"排列"→"取消群组"命令或者按 Ctrl+U 键可以将这些矩形打散，并可对其进行移动、旋转和填充等操作。

5. 绘制螺纹

利用螺纹工具可以绘制两种不同的螺旋纹，即对称式螺纹和对数式螺纹。绘制螺旋线之前，需要在属性栏中设置螺旋线的螺纹回圈数。

对称式螺纹的螺纹递进间距是相同的。单击螺纹工具，再在属性栏中单击"对称式螺纹"按钮，在"螺纹回圈"数值框中设置螺纹的圈数，如图3-19所示。将鼠标光标移动到页面中，按住鼠标左键不放拖动光标到合适位置后释放鼠标，即可绘制出对称式螺纹图形，效果如图3-20所示。

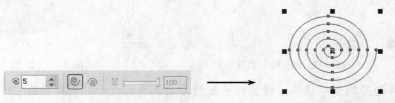

图 3-19　对称式螺纹工具属性栏　　　　图 3-20　对称式螺纹图形

对数式螺纹的螺纹递进间距是递增变化的。单击螺纹工具，再在属性栏中单击"对数式螺纹"按钮，在"螺纹回圈"数值框中设置螺纹的圈数，如图3-21所示。将鼠标光标移动到页面中，按住鼠标左键不放拖动光标到合适位置后释放鼠标，即可绘制出对数式螺纹图形，效果如图3-22所示。

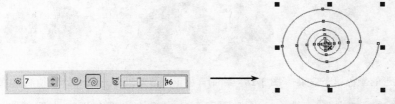

图 3-21　对数式螺纹工具属性栏　　　　图 3-22　对数式螺纹图形

当设置螺纹的回圈数为 1 时，绘制的对称式螺纹和对数式螺纹是一样的；绘制螺纹时，按住 Ctrl 键可以绘制水平和垂直尺寸相同的螺纹，其外部轮廓的外形接近圆。

3.1.4　实例：绘制标志图形

本实例将利用矩形工具和椭圆形工具绘制一个简单的标志图形，具体操作步骤如下：

（1）启动 CorelDRAW X4，并新建一个空白文档。

（2）单击椭圆形工具，将鼠标光标移动到绘图页面中，绘制出一个椭圆，在属性栏的"对象大小"文本框中将椭圆的长轴设置为 150mm，短轴设置为 70mm，效果如图 3-23 所示。

（3）单击选择工具，将鼠标光标移动到绘图页面右侧的调色板上，在"青色"色块上单击，将椭圆填充为青色，效果如果 3-24 所示。

图 3-23　绘制椭圆图形　　　　　　图 3-24　为椭圆填充颜色

（4）单击矩形工具🔲，在绘图页面中绘制一个矩形，在属性栏的"旋转角度"文本框中输入"30.0"，并将该矩形的边角圆滑度均设置为 82，如图 3-25 所示。绘制的矩形效果如图 3-26 所示。

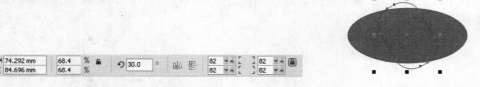

图 3-25　矩形工具属性栏　　　　　　　　　　　　图 3-26　绘制的矩形效果

（5）保持矩形的选中状态，将鼠标光标移动到调色板上，分别单击和右击"白色"色块，则矩形的颜色填充效果如图 3-27 所示。

（6）单击椭圆形工具🔘，按住 Ctrl 键在椭圆中心绘制一个小的正圆形，然后在调色板上分别单击和右击"青色"色块将其填充为青色，效果如图 3-28 所示。

（7）单击椭圆形工具🔘，按住 Ctrl 键在正圆中心再绘制一个小的正圆形，然后使用同样的方法为其内部和轮廓填充为白色，效果如图 3-29 所示。

图 3-27　矩形的颜色填充效果　　　图 3-28　绘制青色正圆形效果　　　图 3-29　绘制白色正圆形效果

（8）单击选择工具🔺，选中大的椭圆图形，然后右击调色板上的无色按钮⊠，去掉大椭圆的轮廓色，则整个标志图形绘制完成，效果如图 3-30 所示。

图 3-30　绘制的标志效果

3.2　使用基本形状工具组

单击基本形状工具🔲，在展开的基本形状工具组中提供了 5 种形状绘图工具，分别为基本形状、箭头形状、流程图形状、标题形状和标注形状，如图 3-31 所示。下面将分别讲解这些工具的使用方法。

图 3-31　基本形状工具组

3.2.1 绘制基本形状

单击基本形状工具，在其属性栏中单击按钮，弹出如图 3-32 所示的基本形状面板。利用该面板可以快速绘制常见的基本图形，如平行四边形、梯形、三角形、心形和其他各种有趣的图形等，并可在其属性栏中设置轮廓样式和轮廓宽度，图形效果如图 3-33 所示。

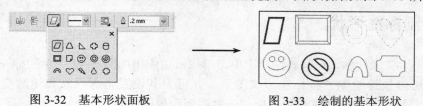

图 3-32　基本形状面板　　　　　　　　图 3-33　绘制的基本形状

3.2.2 绘制箭头形状

单击箭头形状，在其属性栏中单击按钮，弹出如图 3-34 所示的箭头形状面板。利用该面板可以快速绘制单向、双向、多向等各种形状的箭头，并可设置相应的轮廓样式和轮廓宽度，效果如图 3-35 所示。在绘制生产流程、旅游线路等图形时经常使用这些箭头形状图形。

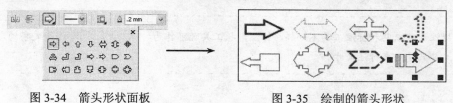

图 3-34　箭头形状面板　　　　　　　　图 3-35　绘制的箭头形状

3.2.3 绘制流程图形状

单击流程图形状工具，在其属性栏中单击按钮，弹出如图 3-36 所示的流程图形状面板。利用该面板可以快速绘制流程图的各种图形元素，并可为它们设置轮廓样式和轮廓宽度，效果如图 3-37 所示。流程图形状图形常用在很多业务流程图、数据流程图中。

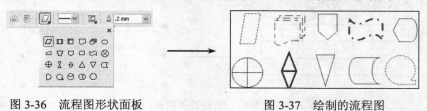

图 3-36　流程图形状面板　　　　　　　图 3-37　绘制的流程图

3.2.4 绘制标题形状

单击标题形状工具，在其属性栏中单击按钮，弹出如图 3-38 所示的标题形状面板。利用该面板可以快速绘制各种标题形状图形，并可为它们设置轮廓样式和轮廓宽度，效果如图 3-39 所示。

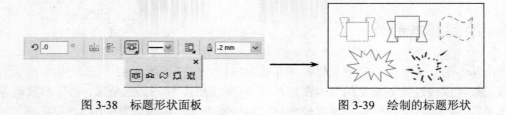

图 3-38 标题形状面板　　　　　　　　　图 3-39 绘制的标题形状

3.2.5 绘制标注形状

单击标注形状工具，在其属性栏中单击按钮，弹出如图 3-40 所示的标注形状面板。利用该面板可以快速绘制各种标注形状图形，并可为其设置轮廓样式和轮廓宽度，效果如图 3-41 所示。标注形状图形主要用于标注各种注释和说明文字。

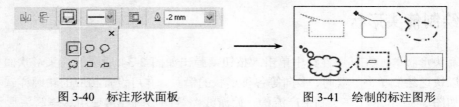

图 3-40 标注形状面板　　　　　　　　　图 3-41 绘制的标注图形

标注形状工具和标注工具不一样，标注形状工具既可作为特殊图形，也可作为文字的容器，而标注工具只是用来标注尺寸。

3.3 使用表格工具

在 CorelDRAW X4 中新增了一种绘制表格的工具——表格工具，利用它可以很方便地绘制表格。下面将讲解该工具的使用方法。

单击表格工具，将鼠标指针移动到绘图页面中，单击并拖动鼠标到合适位置后释放鼠标，即可绘制一个表格图形，效果如图 3-42 所示。

图 3-42 绘制表格图形

当表格绘制完成后，其属性栏如图 3-43 所示。其中各参数的含义介绍如下。

图 3-43 表格工具属性栏

❖ 表格的行数和列数数值框：在该数值框中可以调整表格的行数和列数。

◇ "填充"下拉列表框 填充: □×□ ：选中表格后，单击该下拉列表框右侧的下拉箭头，可以在弹出的颜色框中选择一种颜色为表格填充背景色。

◇ "边框"按钮 边框: □田 ：单击该按钮，可以在弹出的下拉列表中选择相应的边框，如图 3-44 所示。

◇ "轮廓宽度"和"轮廓颜色"下拉列表框 □.2 mm □ □ ：当选择了表格的相应边框后，在"轮廓宽度"下拉列表框中可以设置边框的粗细，如图 3-45 所示；在"轮廓颜色"下拉列表框中可以设置边框的颜色，如图 3-46 所示。

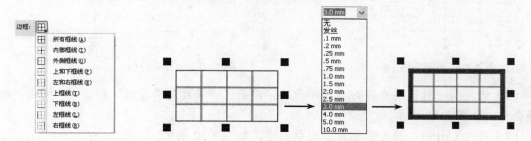

图 3-44　选择表格边框　　　　　　　　图 3-45　设置表格边框粗细

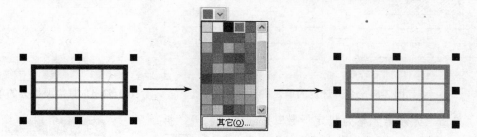

图 3-46　设置表格边框颜色

◇ "画笔"按钮 □ ：单击该按钮，将打开"轮廓笔"对话框，如图 3-47 所示。在该对话框中可以设置选中表格边框的颜色、粗细和线型等参数。

◇ "选项"按钮 选项 □ ：单击该按钮，将弹出如图 3-48 所示的窗口，选中 □自动调整单元格适合文本 复选框，单元格的高度将随文本的多少而变化；选中 □扩散单元格边框 复选框，可设置表格中各单元格的间距。

图 3-47　"轮廓笔"对话框

图 3-48　单元格选项窗口

下面将练习使用表格工具绘制一个简单的商业用途表格，具体操作步骤如下：

（1）单击表格工具，在表格的行数和列数数值框中分别输入"5"和"4"，在页面中绘制一个5行4列的表格，如图3-49所示。

（2）选定表格左上角的两个单元格，单击属性栏中的"合并选定单元格"按钮，将选定的单元格合并，如图3-50所示。

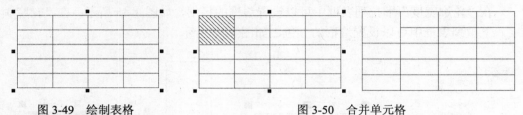

图3-49　绘制表格　　　　　　　　　　　　图3-50　合并单元格

（3）选定第一行需要合并的3个单元格，单击"合并选定单元格"按钮，将选定的单元格合并，如图3-51所示。

（4）按住 Ctrl 键，选定需要拆分的单元格，如图3-52所示。

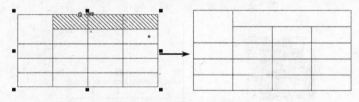
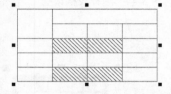

图3-51　合并选定的单元格　　　　　　　　图3-52　选择需要拆分的单元格

（5）单击"拆分单元格为指定行数"按钮，打开"拆分单元格"对话框，在"行数"数值框中输入"2"，单击 确定 按钮，如图3-53所示。单元格的拆分效果如图3-54所示。

（6）在工具箱中单击文本工具，在表格中输入文字内容，效果如图3-55所示。

图3-53　"拆分单元格"对话框

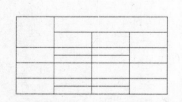
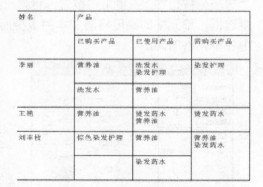

图3-54　单元格的拆分效果　　　　　　　　图3-55　输入文字内容

（7）单击表格工具，在属性栏中单击"表格边距"按钮，在弹出的列表中保持锁定状态，即保持上、下、左、右各边距相同，设置边距数为5.0，如图3-56所示。设置后的文字效果如图3-57所示。

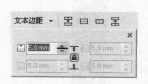

图 3-56 设置文本边距

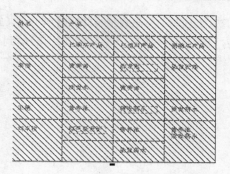

图 3-57 设置后的文字效果

（8）单击文本工具，保持选中所有文本，在属性栏中单击"水平对齐"按钮，在弹出的列表中选择"居中"选项，如图 3-58 所示。则表格中的文字居中对齐，如图 3-59 所示。

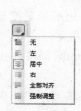

图 3-58 选择"居中"选项

图 3-59 设置文字居中对齐

（9）单击表格工具，在属性栏中单击填充下拉列表，在弹出的颜色框中选择浅黄色为表格填充背景色，效果如图 3-60 所示。

（10）单击"边框"按钮，在弹出的下拉列表中选择"外侧框线"选项，在"轮廓宽度"下拉列表框中选择 1.0mm 选项，在"轮廓颜色"下拉列表框中选择蓝色，效果如图 3-61 所示。

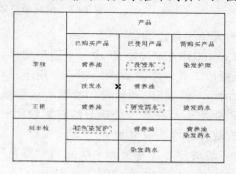

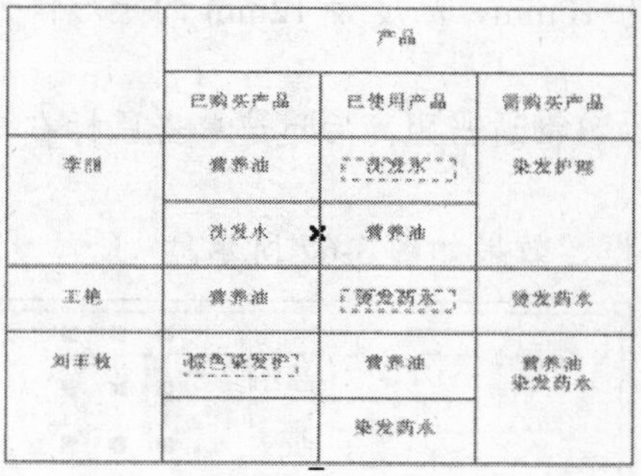

图 3-60 填充背景色

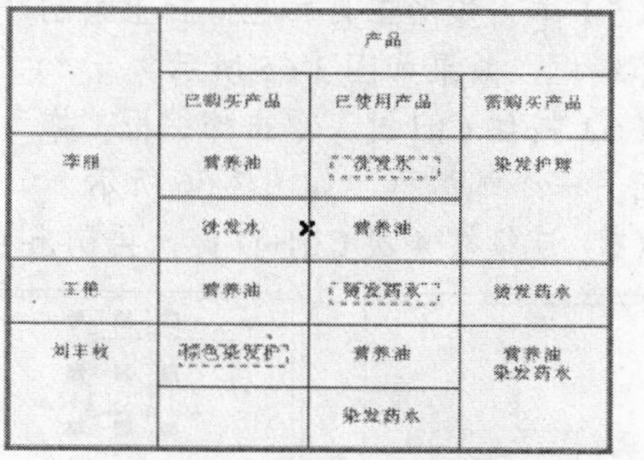

图 3-61 设置外框线的粗细和颜色

3.4 上机练习——制作企业信封

信封的制作属于企业 VI 设计中办公用品系统设计的一部分，企业使用自己的信封可以体现出企业的实力，收信人在收到信封的同时接收到公司的标志和联系方式等信息，有助于企业的对外宣传，树立企业形象。本实例制作的信封效果如图 3-62 所示。

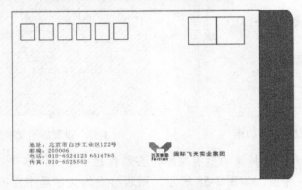

图 3-62   信封最终效果图

制作信封的具体操作步骤如下：

（1）启动 CoreIDRAW X4，新建一个图形文件。

（2）单击矩形工具，在页面上绘制一个矩形，在属性栏中将矩形的宽度设置为 176mm，高度设置为 125mm，然后按 Enter 键，绘制的矩形效果如图 3-63 所示。

（3）再利用矩形工具在第一个矩形的右侧绘制一个宽度为 24mm、高度为 125mm 的矩形，并将矩形右边的边角圆滑度设置为 40°。

（4）选中右边的矩形，单击调色板上的"红色"色块，为其填充颜色，如图 3-64 所示。

图 3-63   绘制的矩形效果   图 3-64   绘制封口

（5）单击矩形工具，在信封上绘制一个宽度为 10mm、高度为 12mm 的矩形作为信封的一个邮编框，效果如图 3-65 所示。

（6）按住 Ctrl 键，单击邮编框，拖动鼠标向右移动适当距离后迅速单击鼠标右键，则可复制出另一个邮编框，如图 3-66 所示。

（7）连续按 4 次 Ctrl+D 键，再制出 4 个邮编框，效果如图 3-67 所示。

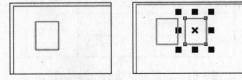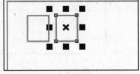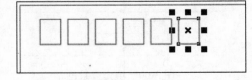

图 3-65   绘制矩形   图 3-66   复制矩形   图 3-67   再制矩形

（8）再利用矩形工具在信封的右上角绘制两个宽度和高度均为 20mm 的正方形作为贴邮票处，效果如图 3-68 所示。

（9）单击文本工具，在信封的左下角输入企业的联系方式，在属性栏中设置字体为"黑体"，字号为 10，效果如图 3-69 所示。

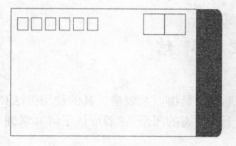

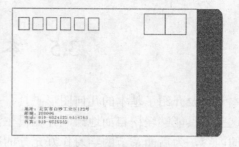

图 3-68　绘制贴邮票处　　　　　　　　图 3-69　输入企业的联系方式

（10）单击基本形状工具，在展开的工具组中单击箭头形状工具，在其属性栏中单击按钮，在页面中绘制一个箭头图形。

（11）选中绘制的箭头图形，使用鼠标分别单击和右击调色板上的"橘红色"色块，为图形填充颜色，效果如图 3-70 所示。

（12）双击箭头图形，当图形四周出现旋转图标时，单击并拖动鼠标指针将图形旋转一定的角度后释放鼠标，效果如图 3-71 所示。

（13）按住 Ctrl 键，单击图形，拖动鼠标向右移动适当距离后迅速右击，则可复制出另一个箭头图形，如图 3-72 所示。

（14）选中复制的图形，使用鼠标分别单击和右击调色板上的"青色"色块，为图形填充青色，如图 3-73 所示。

  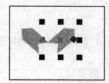 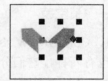

图 3-70　绘制图形　　　图 3-71　旋转图形　　　图 3-72　复制图形　　　图 3-73　填充颜色

（15）单击文本工具，在绘制的箭头图形下方输入文字，并设置字体为"汉仪综艺体简"，字号为 16，则公司标志绘制完成，如图 3-74 所示。

（16）框选标志图形，单击鼠标右键，在弹出的快捷菜单中选择"群组"命令，将标志图形群组为一个对象。

（17）选中标志，将其等比例缩小后放置于信封的右下方，如图 3-75 所示。

（18）单击文本工具，在标志右边输入企业的中文名称，并设置字体为"黑体"，字号为 12。

（19）按 Ctrl+S 键保存图形，则整个信封绘制完成，最终效果如图 3-62 所示。

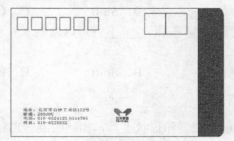

图 3-74　标志图形　　　　　　　　　图 3-75　放置标志图形

3.5 本章小结

本章主要介绍了基本的几何图形工具、基本形状工具组以及表格工具的使用方法和技巧。使用这些工具能够轻松自如地绘制并编辑生活中千姿百态的图形。读者应该了解并掌握以下几方面的内容，为后面章节的学习作好充分的准备。

（1）基本的几何图形工具包括矩形工具、椭圆形工具和多边形工具。利用它们可以绘制矩形、椭圆、多边形、星形、螺纹和图纸等，其中矩形和椭圆的绘制方法需要熟练掌握。

（2）基本形状工具组包括基本形状工具、箭头形状工具、流程图形状工具、标题形状工具和标注形状工具。利用它们可以快速地绘制各种生活中常见但是很难直接绘制的形状，如梯形、各种箭头、流程图、星形和标注、标题形状等。

（3）表格工具是 CorelDRAW X4 新增的一种绘制表格的工具，它的出现是 CorelDRAW X4 的一大进步，利用它可以很方便地绘制表格。

3.6 习 题

一、填空题

1. CorelDRAW X4 提供了两种绘制矩形的工具，分别是_____和_____。绘制椭圆的工具也有两种，它们分别是_____和_____。

2. 绘制矩形时，按住 Ctrl 键，可以绘制_____；绘制椭圆时，按住 Ctrl 键，可以绘制_____。

3. 基本形状工具组包括_____、_____、_____、_____和_____5 种预设形状工具。

4. 利用图纸工具绘制的网格实际上是由若干个矩形群组而成，按_____键可以将这些矩形打散成单独的小矩形。

二、选择题

1. 单击矩形工具，按住_____键不放拖动鼠标，可以绘制以鼠标单击点为中心的矩形；按住_____键不放并拖动鼠标，可以绘制出一个正方形。

    A. Alt   B. Shift   C. Ctrl   D. Enter

2. 绘制螺纹时，按住_____键可以绘制水平和垂直尺寸相同的螺纹，其外部轮廓的外形接近圆。

    A. Alt   B. Shift   C. Enter   D. Ctrl

三、问答题

1. 利用椭圆工具和形状工具，如何绘制饼形和弧形？

2. 如何将绘制的网格进行拆分？

四、操作题

1. 运用本章所讲的知识绘制一张名片，效果如图 3-76 所示（光盘:\实例素材\第 3 章\名片.jpg）。

提示：使用矩形、椭圆形工具绘制出两个相交的图形，同时选中两个图形，单击属性栏中的"相交"按钮；然后使用基本形状工具绘制标志，最后输入文字即可。

2. 利用矩形工具、椭圆形工具和基本形状工具绘制如图 3-77 所示的组合图形。

提示：绘制心形时，使用渐变填充工具对其进行填充；绘制椭圆形时，对其轮廓进行设置，并对椭圆进行适当的旋转操作。

图 3-76　绘制的名片效果

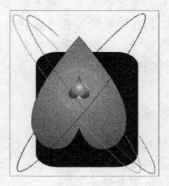

图 3-77　组合图形效果

第 4 章　绘制及编辑线条

本章导读

在 CorelDRAW X4 中绘制图形时，有时会用到很多不规则形状的复杂图形，这就需要使用手绘工具、贝塞尔工具、艺术笔工具、钢笔工具、折线工具、3 点曲线工具、交互式连线工具和度量工具等特殊的绘图工具进行绘制。使用这些特殊的绘制工具，可以快捷地绘制出各种各样的图形特效，以满足用户的多种需求。另外，本章还将具体讲解如何使用形状工具对绘制的图形进行编辑。

本章要点

- ◉　有关矢量图的基本概念
- ◉　绘制线段及曲线
- ◉　使用艺术笔工具
- ◉　编辑曲线对象

4.1　有关矢量图的基本概念

在绘制和编辑曲线之前，需要先了解有关矢量图的几个基本概念，如对象、曲线以及节点。下面将分别进行讲解。

4.1.1　对象

在 CorelDRAW X4 中，所有在工作区中编辑的图形都称之为对象，包括曲线、图形和文字等，它们都是相对独立的，具有各自的颜色、形状等属性，这些元素构成了我们的作品。

4.1.2　曲线

曲线是构成矢量图的最基本元素，由线段、节点和控制柄等部分组成，如图 4-1 所示。直线是曲线的一种特殊类型。

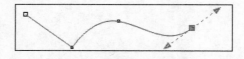

图 4-1　曲线的组成部分

- ◇ 线段：位于曲线上两个节点之间，由直线段和曲线段组成。
- ◇ 节点：节点是构成对象的基本元素，是一条线段的端点，一条曲线可以有一个或者多个节点，单击节点可以显示出控制柄。
- ◇ 控制柄：是指节点两端出现的蓝色的虚线，用工具箱中的形状工具选中节点，可以通过拖动控制柄来调整图形的形状。

4.1.3　节点

在 CorelDRAW X4 中，不同对象的节点具有不同的属性，节点的类型包括尖突节点、平滑节点和对称节点 3 种，如图 4-2 所示。这 3 种类型的节点之间可以互相转化。不同类型的节点可以不同程度地影响对象的形状，用户可以使用形状工具 调节节点来调整曲线的形状。

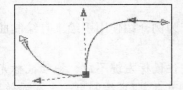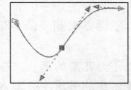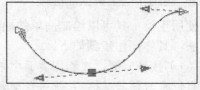

图 4-2　节点的 3 种类型

- ◇ 尖突节点：当拖动节点一边的控制柄时，另一边的曲线将不会发生任何变化。
- ◇ 平滑节点：表示节点两边的控制柄呈直线显示，且产生平滑过渡。
- ◇ 对称节点：表示节点两边的控制柄呈直线显示，当移动节点一边的控制柄时，另一边的线条也做相同频率的变化。

4.2　绘制线段及曲线

CorelDRAW X4 提供了一些绘制线段和曲线的工具，使用它们可以绘制很多不规则形状的物体。单击手绘工具 右下角的下三角按钮 并按住鼠标左键不放，则展开手绘工具组，如图 4-3 所示。其中包括手绘工具、贝塞尔工具、艺术笔工具、钢笔工具、折线工具、3 点曲线工具、连接器工具和度量工具。下面将分别讲解这些工具的使用方法。

图 4-3　展开手绘工具组

4.2.1　使用手绘工具

使用手绘工具可以绘制直线和曲线，如果需要绘制封闭的曲线，则需要在曲线的起点处单击，然后拖动鼠标继续绘制曲线，拖动到曲线起点处的节点位置时释放鼠标即可。

1. 使用手绘工具绘制直线

单击手绘工具 ，或者按 F5 键，将鼠标光标移动到绘图页面上，当光标变为 形状时，单击一点作为直线的起点，然后移动光标在适当位置再单击一点作为直线的终点，则直线绘制完成。绘制直线的过程如图 4-4 所示。

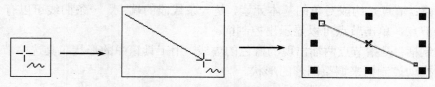

图 4-4　绘制直线的过程

> 单击手绘工具 📝，按住 Ctrl 键不放绘制直线，则直线的倾斜角度为 0°或者 15°的倍数（系统默认角度为 15°）。

2. 使用手绘工具绘制曲线

使用手绘工具可以绘制简单的曲线，下面以绘制一朵小花为例介绍使用手绘工具绘制曲线的方法，具体操作步骤如下：

（1）按 F5 键，在绘图页面中单击作为花瓣的起点，按住鼠标左键不放，拖动鼠标光标至适当位置时释放鼠标，系统将自动调整曲线的平滑度并加入节点，即可绘制出一个花瓣效果，如图 4-5 所示。

（2）将鼠标光标移动到步骤（1）绘制的曲线的终点上，单击节点继续拖动绘制其他 3 个花瓣，拖动到与曲线起点处的节点位置重合时释放鼠标，即可绘制出一朵封闭的小花，如图 4-6 所示。

（3）单击挑选工具 📝，选中小花，在调色板中单击"浅紫"色块，为小花填充为紫色，效果如图 4-7 所示。

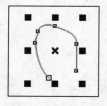
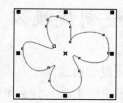

图 4-5　绘制曲线　　　　图 4-6　绘制的封闭曲线　　　图 4-7　填充颜色

> 按 F5 键，在页面上绘制一条直线，然后在直线的终点处双击鼠标，移动光标到适当位置时单击即可绘制一条折线。

4.2.2　使用贝塞尔工具

使用贝塞尔工具可以更加方便地绘制直线、折线和较精确的曲线，还可以绘制多边形以及其他闭合图形。

1. 使用贝塞尔工具绘制直线

单击贝塞尔工具 📝，将鼠标光标移动到绘图页面上，当光标变为 ✛ 形状时，在直线的起点和终点处分别单击即可绘制一条直线，如图 4-8 所示。

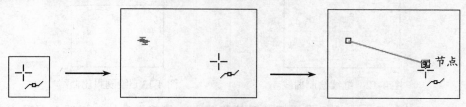

图 4-8　使用贝塞尔工具绘制直线

2. 使用贝塞尔工具绘制折线

折线是由多条线段组成的，单击贝塞尔工具，在需要绘制折线的各转折点位置单击，最后按 Enter 键即可绘制一条折线，如图 4-9 所示。

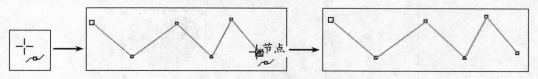

图 4-9　使用贝塞尔工具绘制折线

> 绘制多边形的方法和绘制折线类似，但是在绘制多边形的终点时，终点需要和起点重合。

3. 使用贝塞尔工具绘制曲线

贝塞尔工具常常被用于绘制曲线，由于绘制的曲线是由节点连接而成的，所以贝塞尔工具可以非常方便地通过调整节点和控制柄来控制曲线的形状。下面将练习使用贝塞尔工具绘制一个心形图形，具体操作步骤如下：

（1）新建一个图形文件，单击贝塞尔工具，在页面中单击一点并拖动鼠标，此时该节点两边各出现一个控制点，连接两控制点的是一条蓝色的控制虚线，释放鼠标，该节点作为曲线的起始点，如图 4-10 所示。

（2）移动鼠标到下一个节点处单击并拖动，调整两个节点之间曲线的形状，同时第二个节点两边也出现两个控制点，效果如图 4-11 所示。

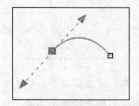

图 4-10　曲线起始点　　　　图 4-11　绘制出第二个节点

（3）单击下一点确定下一个节点的位置，继续单击下一个位置并按住鼠标左键调整曲线的形状，如图 4-12 所示。

（4）将鼠标光标移动到曲线的起始节点上单击，然后释放鼠标即可绘制出封闭曲线，如图 4-13 所示。

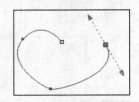

图 4-12　继续绘制曲线

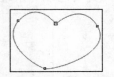

图 4-13　绘制封闭曲线

（5）单击形状工具 ，选择需要调整形状的节点，然后拖动控制柄调整图形的形状，如图 4-14 所示。

（6）调整完成后，单击挑选工具 ，选中心形，再单击调色板上的"霓虹粉"色块，为心形填充为红色，效果如图 4-15 所示。

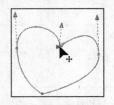

图 4-14　调整心形图形

图 4-15　填充心形颜色

> 使用贝塞尔工具绘制曲线后，常常通过使用形状工具拖动曲线的节点和控制柄以调整曲线的弧度，从而达到用户所需的图形形状。

4.2.3　使用钢笔工具

使用钢笔工具也可以绘制直线、折线和曲线，使用方法和贝塞尔工具相似，但使用钢笔工具绘图更加直观，使用它绘图时在确定下一点的位置前就可以预览到曲线效果，以便随时动态观察图形的效果。如图 4-16 所示为使用钢笔工具绘制曲线时的效果。

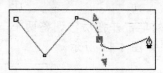

图 4-16　使用钢笔工具绘制曲线

> 在使用手绘工具、贝塞尔工具、钢笔工具绘制线条时，按空格键可以快速切换到选择工具，再次按该键后又会切换到相应的绘图工具，该操作也适合于艺术笔工具、度量工具等。

4.2.4　使用折线工具

折线工具是专门绘制折线的工具，使用方法和贝塞尔工具、钢笔工具类似，这里不再一一赘述。

4.2.5　使用 3 点曲线工具

　　3 点曲线工具主要利用 3 点来定位绘制有弧度的曲线。使用 3 点曲线工具绘制曲线的具体操作步骤如下：

　　（1）单击 3 点曲线工具，将鼠标光标移动到绘图页面中，在曲线的起点位置单击并拖动鼠标光标到曲线终点时释放鼠标，如图 4-17 所示。

　　（2）移动鼠标光标，曲线到达合适弧度时单击鼠标，完成曲线的绘制，效果如图 4-18 所示。

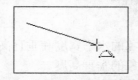

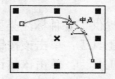

图 4-17　确定曲线的起点和终点　　　　　图 4-18　绘制的曲线效果

4.2.6　使用连接器工具

　　连接器工具分为成角连接和直线连接两种方式，常用于绘制流程图。下面将讲解使用连接器工具绘制流程图的方法，具体操作步骤如下：

　　（1）单击连接器工具，再单击属性栏中的"直线连接器"按钮，在第一个对象边缘单击一点，然后拖动鼠标光标到第二个对象的边缘释放鼠标，则绘制一条直线连接线，如图 4-19 所示。

　　（2）在属性栏的"终止箭头选择器"下拉列表框中选择一种箭头样式，在"轮廓宽度"下拉列表框中选择 0.5mm 选项，如图 4-20 所示。则连接线也变为尖头样式，如图 4-21 所示。

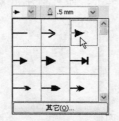

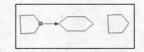

图 4-19　绘制直线连接线　　　图 4-20　选择箭头样式　　　图 4-21　连接线箭头效果

　　（3）使用同样的方法从第二个对象边缘拖放到第三个对象边缘绘制一个箭头样式的连接线，如图 4-22 所示。

　　（4）单击连接器工具，再单击属性栏中的"成交连接器"按钮，从第三个对象边缘拖放到第一个对象边缘绘制一条成角连接线，再按照步骤（2）的方法添加同样的箭头样式，效果如图 4-23 所示。

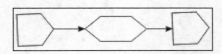

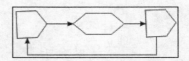

图 4-22　第二条连接线效果　　　　　　图 4-23　成交连接线效果

4.2.7　使用度量工具

使用度量工具可以精确地测量出图形的大小尺寸、旋转角度等，并可以将其以标注的形式显示出来。

单击度量工具，弹出如图 4-24 所示的度量工具属性栏。

图 4-24　度量工具属性栏

在该属性栏中提供了 6 种标注类型，分别介绍如下。

◇　自动度量工具：单击该按钮后，可标注对象的水平宽度和垂直高度。
◇　垂直度量工具：单击该按钮后，可标注对象的垂直高度。
◇　水平度量工具：单击该按钮后，可标注对象的水平宽度。
◇　倾斜度量工具：单击该按钮后，可标注对象的倾斜距离。
◇　标注工具：单击该按钮后，可绘制引线并添加注解。
◇　角度量工具：单击该按钮后，可标注对象的任意角度。

每个度量工具的使用方法大致相同，下面以一个实例来讲解度量工具的用法。使用度量工具为一个零件图进行标注，具体操作步骤如下：

（1）启动 CorelDRAW X4，导入一个"零件图"图像，效果如图 4-25 所示。

（2）单击度量工具，在属性栏中单击垂直度量工具，在"度量样式"下拉列表框中选择"十进制"选项，在"度量精度"下拉列表框中选择 0.0，在"尺寸单位"下拉列表框中选择 mm。

（3）将鼠标光标移动到零件图左侧，在左侧顶点单击一下，然后移动鼠标到左下角再单击，然后再将鼠标移到标注线的中间位置单击，即可标注出零件图的垂直高度，如图 4-26 所示。

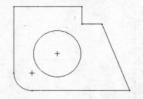
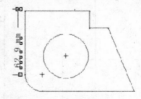

图 4-25　导入"零件图"图像　　　　图 4-26　垂直标注效果

（4）单击属性栏中的水平度量工具，在零件图底端两点位置分别单击，出现标注线后将鼠标光标移到标注线中间位置单击，即可标注出图形的水平宽度，如图 4-27 所示。

（5）单击属性栏中的倾斜度量工具，在零件图右侧两点位置分别单击，出现标注线后将鼠标光标移到标注线中间位置单击，即可标注出图形的倾斜距离，如图 4-28 所示。

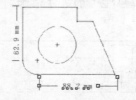
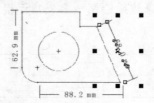

图 4-27　水平标注效果　　　　　　图 4-28　倾斜标注效果

（6）单击标注工具 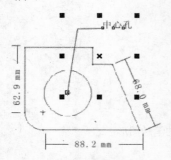，在零件图的圆心位置单击一点，然后移动鼠标绘制一条引线，到合适位置时单击鼠标，释放鼠标后继续移动，当第二条引线到合适长度时再次单击，则出现闪烁的光标，这时输入注释文字即可为图形添加注解，效果如图4-29所示。

（7）单击角度量工具 ，在零件图右下角的角点上单击一点，然后移动鼠标光标到该角的两条边上分别单击，出现标注线后将鼠标光标移到标注线中间位置单击，即可标注出角的度数，如图4-30所示

图4-29 添加注解效果

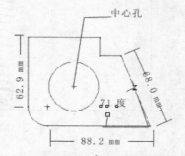

图4-30 角度标注效果

> 使用度量工具标注图形时，若对字体和字号的大小不满意，可以选中该字体，然后在属性栏中进行修改。

4.3 使用艺术笔工具

艺术笔工具是CorelDRAW X4中的一种特殊的绘图工具，利用该工具可绘制出各式各样的艺术线条和图案。

单击艺术笔工具 ，弹出艺术笔工具属性栏，如图4-31所示。在该属性栏中提供了5种艺术笔模式，分别是预设模式、笔刷模式、喷罐模式、书法模式和压力模式。

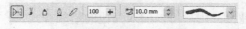

图4-31 艺术笔工具属性栏

单击其中的任一种模式按钮，均会出现相应的选项设置，选择适当的笔触列表并设置好艺术笔的宽度等选项后，在页面中单击并拖动鼠标，即可绘制出丰富多彩的图案效果。

4.3.1 预设模式

单击艺术笔工具属性栏中的"预设"按钮 ，弹出如图4-31所示的属性栏。

◇ "手绘平滑"数值框 ：单击该数值框右侧的 按钮，弹出滑动条，拖动滑块，可以设置画笔笔触的平滑程度；数值越大，其绘图的图形边缘越平滑。

◇ "艺术笔工具宽度"数值框 ：通过改变数值的大小，可以设置画笔笔触的宽度，数值越大，画笔的笔触也就越大。

❖ "预设笔触列表"下拉列表框 ——— ：单击其右侧的 ▽ 按钮，在弹出的下拉列表中选择不同的预设形状，所绘制出的图形效果也就不同，如图 4-32 所示。

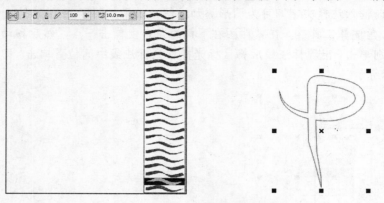

图 4-32　绘制预设模式的笔触图形

4.3.2　笔刷模式

单击艺术笔工具属性栏中的"笔刷"按钮 ，设置笔刷宽度为 8.0mm，在"笔触列表"下拉列表框中选择任意一种笔触样式，如图 4-33 所示。把鼠标光标移到页面中单击，按住左键并拖动绘制出如图 4-34 所示的彩色笔刷图形效果。

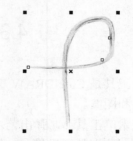

图 4-33　"笔刷"模式属性栏　　　　　　图 4-34　绘制的笔刷图形

❖ 单击"浏览"按钮 ，用户可以调入其他的笔触样式。
❖ 单击"保存艺术笔触"按钮 ，用户可以将需要的笔触样式保存起来。
❖ 单击"删除"按钮 ，用户可以将不需要的笔触样式删除。

4.3.3　喷罐模式

单击艺术笔工具属性栏中的"喷罐"按钮 ，弹出如图 4-35 所示的属性栏。

图 4-35　"喷罐"模式属性栏

❖ "选择喷涂顺序"下拉列表框 随机 ：单击右侧的 ▽ 按钮，在弹出的下拉列表中选择喷涂的顺序，如图 4-36 所示。

◇ "添加到喷涂列表"按钮 ：单击该按钮，可以将当前选定的图案添加到喷涂图案列表中。

◇ "喷涂列表对话框"按钮 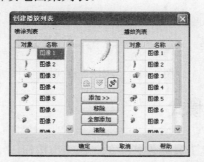：单击该按钮，将弹出"创建播放列表"对话框，如图4-37所示，在该对话框中可编辑喷笔图案列表。

图4-36　选择喷涂顺序　　　　图4-37　"创建播放列表"对话框

◇ "要喷涂的对象的小块颜料/间距"数值框：上方的数值框用于调整每个图形之间的距离，下方的数值框用于调整各个对象之间的距离。

◇ "旋转"按钮：单击该按钮，在弹出的对话框中设置喷罐对象的旋转角度，如图4-38所示。

◇ "偏移"按钮：单击该按钮，在弹出的对话框中可以设置喷罐对象的偏移量和偏移方向，如图4-39所示。

图4-38　设置对象的旋转角度　　　图4-39　设置对象的偏移量和偏移方向

单击艺术笔工具属性栏中的"喷罐"按钮，在"喷涂列表文件列表"下拉列表框中选择 喷罐样式，把鼠标光标移到页面中单击，拖动光标绘制出如图4-40所示的喷罐模式的图形。

图4-40　喷罐图形效果

4.3.4　书法模式

单击艺术笔工具属性栏中的"书法"按钮，弹出如图4-41所示的"书法"模式属性栏。在"书法角度"数值框 中输入数值可以调整艺术笔笔形轮廓的显示角度，当输入"0"时，垂直方向画出的线条最粗；当输入"90"时，水平方向画出的线条最粗。

在"书法角度"数值框  中输入"60.0"，将鼠标光标移到页面中，单击并拖动鼠标光标绘制书法图形，效果如图 4-42 所示。

图 4-41　"书法"模式属性栏　　　　　　　图 4-42　书法模式效果

4.3.5　压力模式

单击艺术笔工具属性栏中的"压力"按钮 ⊘，弹出如图 4-43 所示的"压力"模式属性栏。该模式主要用于配置压感笔，从而在绘制图形的过程中可以根据压力的大小绘制出不同粗细的笔触图形，如图 4-44 所示。

图 4-43　"压力"模式属性栏　　　　　图 4-44　压力模式下绘制的图形效果

在压力模式下，当拖动鼠标绘制图形时，按向上方向键可以增加压力效果，按向下方向键则可以减小压力效果。

4.3.6　实例：绘制一幅卡通漫画

本例将绘制一幅浪漫的卡通漫画，效果如图 4-45 所示。在制作本例的过程中主要练习使用手绘工具、贝塞尔工具、钢笔工具和艺术笔工具的操作方法和技巧。

图 4-45　卡通漫画效果

　　制作本卡通漫画效果的具体操作步骤如下：

　　（1）单击贝塞尔工具，将鼠标光标移动到绘图页面中，在需要绘制折线的各转折点位置单击，最后在折线的起点位置单击，绘制一个封闭的四边形，如图 4-46 所示。

　　（2）单击挑选工具，选中四边形，分别单击和右击调色板上的"冰蓝"色块，为图形填充蓝色，绘制蓝天效果，如图 4-47 所示。

　　（3）单击手绘工具，在绘图页面中单击一点，然后按住鼠标左键不放，拖动鼠标光标绘制曲线，拖动到与曲线起点处的节点位置重合时释放鼠标，即可绘制出一个封闭曲线，如图 4-48 所示。

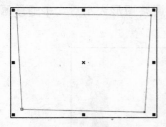
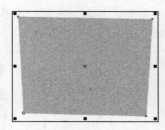
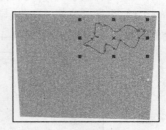

图 4-46　绘制四边形　　　　　图 4-47　填充四边形　　　　　图 4-48　绘制封闭曲线

　　（4）单击挑选工具，选中曲线图形，分别单击和右击调色板上的"白色"色块，为图形填充白色，绘制白云效果，如图 4-49 所示。

　　（5）使用同样的方法，利用手绘工具绘制另一朵白云曲线，并为其填充白色，效果如图 4-50 所示。

　　（6）单击折线工具，在属性栏中将"轮廓宽度"下拉列表框 .7 mm 设置为 0.7mm，在鼠标光标移动到蓝天图形下方时单击，绘制如图 4-51 所示的折线效果。

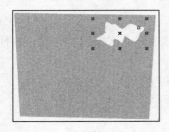
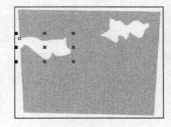
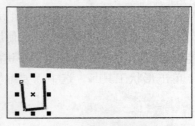

图 4-49　绘制第一朵白云　　　图 4-50　绘制第二朵白云　　　图 4-51　绘制折线图形

　　（7）单击挑选工具，选中折线图形，然后右击调色板上的"20%黑"色块，将折线轮廓设置为浅灰色，如图 4-52 所示。

　　（8）使用同样的方法，利用折线工具绘制其他折线，并填充为浅灰色，则绘制出篱笆效果，如图 4-53 所示。

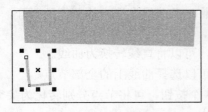

图 4-52　绘制折线　　　　　　　　图 4-53　绘制的篱笆效果

（9）单击艺术笔工具，在属性栏中单击"喷罐"按钮，在"要喷涂的对象大小"数值框中输入 10，在"喷涂列表文件列表"下拉列表框中选择 喷罐样式，在"要喷涂的对象的小块颜料/间距" 下方的数值框中输入"2.35mm"，如图 4-54 所示。

图 4-54　设置"喷罐"模式参数

（10）把鼠标光标移到页面中单击，拖动光标绘制出如图 4-55 所示的小草图形。

（11）选择需要导入的图形文件"送花"，如图 4-56 所示。

（12）选择"文件"→"导入"命令，导入"送花"图形，调整图形大小后，卡通漫画效果绘制完成，最终效果如图 4-45 所示。

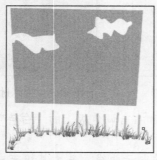

图 4-55　绘制小草图形

图 4-56　导入的图形文件

4.4　编辑曲线对象

在绘制图形的过程中，需要使用形状工具、钢笔工具等对图形进行多次编辑和调整，这样才能够使图形符合要求。本节将讲解如何对图形进行编辑。

单击形状工具，选中需要编辑的曲线，则其属性栏如图 4-57 所示。

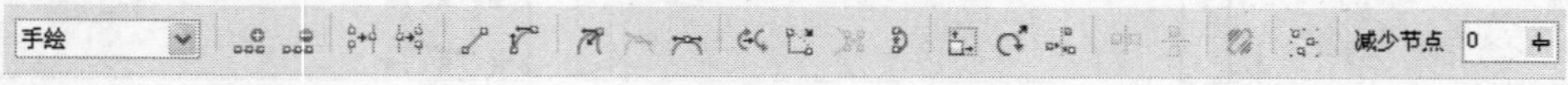

图 4-57　形状工具属性栏

◆ "添加节点"按钮：单击该按钮，可以为曲线添加节点。

◆ "删除节点"按钮：单击该按钮，可以删除选中的节点。

◆ "连接两个节点"按钮：单击该按钮，可以将选中的两个节点结合为一个，将两段曲线结合为一条。

◆ "分割曲线"按钮：单击该按钮，可以将一条曲线在选中的节点处断开。

◆ "转换曲线为直线"按钮：单击该按钮，可以将曲线转换为直线。

◆ "转换直线为曲线"按钮：单击该按钮，可以将直线转换为曲线。

◆ "选择全部节点"按钮：单击该按钮，可以选择曲线上的全部节点。

◆ 、和按钮：选中节点，分别单击这 3 个按钮，可将节点分别转化为尖突节点、平滑节点和对称节点。

单击形状工具 ，再单击曲线上的节点，即可选中该节点；按住 Shift 键不放，依次单击需要选择的节点，可选择多个节点；单击并拖动鼠标，也可以框选多个节点。

4.4.1 添加和删除节点

单击形状工具 ，选中曲线，在需要添加节点的位置单击 按钮或者双击鼠标可以添加一个节点，如图 4-58 所示。

单击形状工具 ，选中曲线上的一个节点，单击 按钮或者双击鼠标可以删除该节点，如图 4-59 所示。

图 4-58　添加节点　　　　　　　　　　图 4-59　删除节点

单击形状工具 ，选中曲线上的节点，拖动鼠标即可移动选中的节点。

4.4.2 闭合和断开曲线

在 CorelDRAW X4 中，可以将曲线或折线的两个端点闭合起来，也可以将曲线或折线从某一节点断开。

1. 闭合曲线

单击形状工具 ，选中如图 4-60 所示图形中需要连接的两个节点，然后再单击属性栏中的 "连接两个节点" 按钮 ，则可将曲线闭合起来，效果如图 4-61 所示。

图 4-60　选中两个节点　　　　　　图 4-61　连接节点

除了可以利用上述方法闭合曲线外，也可以使用形状工具直接单击一个节点，然后拖动到另一个节点上，当鼠标指针变为 形状时释放鼠标，也可以完成节点的闭合，如图 4-62 所示。

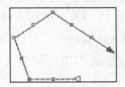 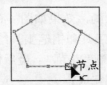 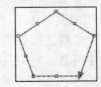

图 4-62　闭合曲线

2. 断开曲线

单击形状工具，选中如图 4-63 所示图形中需要分割的节点，然后单击属性栏中的"分割曲线"按钮，则图形如图 4-64 所示。把鼠标光标移动到断开的节点上单击并拖动，到合适位置时释放鼠标，则效果如图 4-65 所示。

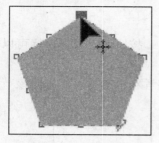 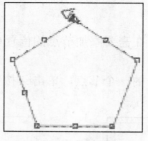 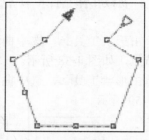

图 4-63 选取节点　　　　图 4-64 断开节点　　　　图 4-65 移动断开的节点

单击钢笔工具，然后单击属性栏中的"自动添加和删除"按钮，也可以为曲线添加和删除节点。另外，使用钢笔工具直接单击曲线的两个端点，也可以闭合曲线。

4.4.3 直线和曲线相互转换

用户在绘制图形的过程中，可以根据需要将节点前的直线转换为曲线，也可以将节点前的曲线转换为直线。

单击形状工具，选中曲线上的某一个节点，单击属性栏中的"转换曲线为直线" 按钮，可以将节点前的一段曲线转换为直线，如图 4-66 所示。单击"转换直线为曲线"按钮，可以将节点前的一段直线转换为曲线，如图 4-67 所示。

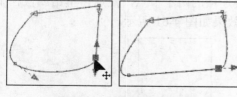 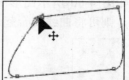
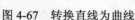

图 4-66 转换曲线为直线　　　　　　　　图 4-67 转换直线为曲线

4.5 上机练习——绘制一幅山水风景画

本例将绘制一幅漂亮的山水风景画，效果如图 4-68 所示。首先使用折线工具和手绘工具绘制"青山绿水"；接着使用贝塞尔工具和钢笔工具绘制"建筑物"，并使用形状工具精确调整曲线形状；然后使用艺术笔工具绘制"花草"；最后使用椭圆形工具和手绘工具绘制"太阳"和"小树"，至此整个风景图片绘制完成。

图 4-68　山水风景画效果

制作本山水风景画的具体操作步骤如下:

(1) 单击折线工具⬜,在绘图页面中绘制如图 4-69 所示的闭合折线图形。

(2) 单击挑选工具⬜,选中图形,然后分别单击和右击调色板上的"浅绿"色块,为图形填充浅绿色,如图 4-70 所示。

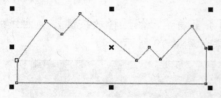

图 4-69　绘制闭合折线图形

图 4-70　填充浅绿色

(3) 单击手绘工具⬜,按住 Ctrl 键在折线图形下方绘制 5 条直线,并在属性栏中分别设置直线的"轮廓宽度"为 4.0mm、3.0mm、1.6mm、1.5mm 和 1.0mm,如图 4-71 所示。

(4) 单击挑选工具⬜,选中所有的直线,然后右击调色板上的"浅绿"色块,将直线变为浅绿色,如图 4-72 所示。

图 4-71　绘制直线

图 4-72　设置直线颜色

(5) 单击贝塞尔工具⬜,在页面中绘制如图 4-73 所示的四边形,并设置四边形的轮廓宽度为 1.0mm,将四边形填充为森林绿色,如图 4-74 所示。

图 4-73　绘制四边形

图 4-74　填充四边形

（6）用同样的方法，使用贝塞尔工具绘制其他的图形，并设置图形的轮廓宽度为 1.0mm，颜色填充为森林绿色，则绘制的建筑物效果如图 4-75 所示。

（7）单击钢笔工具 💧，在建筑物图形附近绘制 3 条如图 4-76 所示的封闭曲线图形。

（8）单击形状工具 💧，选中曲线上的节点，拖动控制柄，调整曲线的形状，效果如图 4-77 所示。

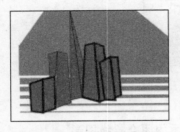 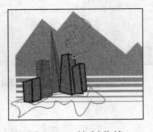 

图 4-75　绘制其他图形效果　　　图 4-76　绘制曲线　　　图 4-77　调整曲线的形状

（9）单击挑选工具 💧，分别选中 3 条曲线，然后再单击和右击调色板中的色块，为 3 条曲线填充不同的颜色，效果如图 4-78 所示。

（10）单击钢笔工具 💧，按住 Shift 键绘制两条直角边，然后释放按键，到曲线的起点上单击并拖动鼠标光标绘制带弧度的第三条边，效果如图 4-79 所示。

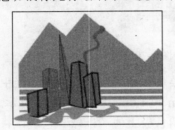 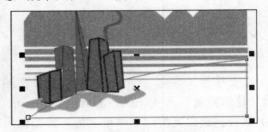

图 4-78　填充曲线　　　　　　　　　图 4-79　绘制封闭图形

（11）单击挑选工具 💧，选中绘制的曲线图形，分别单击和右击调色板上的"春绿"色块，为图形填充绿色，效果如图 4-80 所示。

（12）单击艺术笔工具 💧，在"要喷涂的对象大小"数值框中输入"45"，在"喷涂列表文件列表"下拉列表框中选择合适的喷罐样式，然后在页面的合适位置单击并拖动鼠标，则绘制的艺术笔效果如图 4-81 所示。

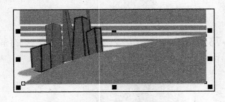 

图 4-80　填充绿色　　　　　　　　图 4-81　艺术笔效果

（13）单击手绘工具 💧，绘制如图 4-82 所示的"小树"效果，然后为"小树"填充酒绿色。

（14）单击椭圆形工具 💧，按住 Ctrl 键绘制一个正圆形，并在属性栏中将正圆形的轮廓宽度设置为 1.5mm，如图 4-83 所示。

（15）单击挑选工具 ，选中正圆形，为其内部填充橘红色，轮廓设置为红色，则绘制的太阳效果如图4-84所示。

图4-82　绘制的小树　　　　图4-83　绘制正圆形　　　　图4-84　填充正圆形

（16）单击手绘工具 ，在太阳周围绘制放射线条，并设置线条颜色为橘黄色。

（17）选中整个太阳图形，将其缩放至合适大小，然后右击太阳，在弹出的快捷菜单中选择"顺序"→"到页面后面"命令，如图4-85所示。

图4-85　将太阳向后移动

（18）至此，整个山水画图形绘制完成，最终效果如图4-68所示。

4.6　本章小结

本章主要讲解了利用手绘工具、贝塞尔工具、艺术笔工具、钢笔工具、折线工具、3点曲线工具、连接器工具和度量工具绘制直线、曲线、艺术笔触、连接线和度量标注线的方法及技巧。读者应该对这些绘图工具的使用方法有所了解和掌握，并且能够对各个工具的属性栏进行设置，熟练地绘制出不同效果的图形。另外，掌握利用形状工具熟练地修改图形的形状。

4.7　习　　题

一、填空题

1．曲线是构成矢量图的最基本元素，由线段、节点和_____等部分组成。

2．CorelDRAW X4中的节点包括3种类型，分别是_____、_____和_____。

3．艺术笔工具提供了5种艺术笔模式，分别是_____、_____、_____。

_____和_____。

二、选择题

1．利用手绘工具可以绘制_____。

　　A．直线　　　　　　B．曲线　　　　　　C．封闭曲线　　　D．折线

2．在使用手绘工具绘制图形的过程中，按_____键可以切换到挑选工具，再次按该键又可切换到手绘工具。

　　A．Enter　　　　　　B．Tab　　　　　　C．空格　　　　　D．退格

3．单击形状工具，再单击曲线上的节点即可选中该节点；按住_____键不放，依次单击需要选择的节点，可选择多个节点。

　　A．Shift　　　　　　B．Ctrl　　　　　　C．Alt　　　　　D．空格

4．使用形状工具和_____工具都可以为曲线添加和删除节点。

　　A．手绘　　　　　　B．折线　　　　　　C．贝塞尔　　　　D．钢笔

5．选中 CorelDRAW X4 中的图形，按_____键可以将其转化为曲线。

　　A．Shift+Q　　　　B．Ctrl+Q　　　　C．Shift+Alt　　　D．Ctrl+E

三、问答题

1．节点包括哪 3 种类型？其特点分别是什么？

2．简述使用钢笔工具绘制直线、折线、曲线及封闭曲线的操作步骤。

3．如何使用形状工具选择、移动、添加和删除曲线上的节点？

4．如何使用交互式连线工具绘制直线和折线流程线？

四、操作题

利用本章所学的绘图工具和形状工具绘制一幅卡通漫画效果，如图 4-86 所示。

提示：使用钢笔工具绘制背景曲线轮廓，使用折线工具绘制简单的建筑物图形，使用手绘工具绘制小人物效果，使用调色板为其填充颜色。

图 4-86　卡通漫画效果

第 5 章　为图形填充颜色

本章导读

通过初步绘制和编辑而成的图形颜色是单一的，为使绘制的图形色彩丰富起来，就需要使用 CorelDRAW X4 强大的填充功能对绘制好的图形进行颜色填充。本章将详细讲解 CorelDRAW X4 的颜色填充方式，包括均匀填充、渐变填充、图样填充、底纹填充、PostScript 填充等 7 种。熟练掌握并灵活运用各种填充方式，可以绘制出任意图形效果。

本章要点

- ◉ 均匀填充
- ◉ 渐变填充
- ◉ 图样填充
- ◉ 底纹填充
- ◉ PostScript 填充
- ◉ 交互式填充工具组
- ◉ 使用滴管和颜料桶工具

5.1　均　匀　填　充

均匀填充是一种比较简单的单色填充方式，可以通过调色板、"均匀填充"对话框和"颜色"泊钨窗对图形进行填充。下面将分别进行讲解。

5.1.1　使用调色板

在 CorelDRAW X4 中，在页面中选择相应的图形后，单击调色板上的颜色块即可为图形填充颜色，操作方法如图 5-1 所示。

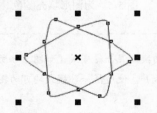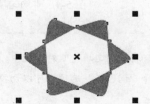

图 5-1　使用调色板填充

右击调色板上的色块，可为图形轮廓填充颜色；直接将调色板上的色块拖动到需要填充的图形上，也可为图形填充颜色。

5.1.2　使用"均匀填充"对话框

选中需要填充的图形对象，如图 5-2 所示，单击填充工具，展开"填充工具"下拉列表，然后单击"颜色"按钮，如图 5-3 所示。

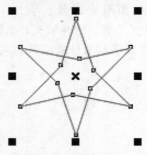

图 5-2　选择图形　　　　　　图 5-3　单击"颜色"按钮

在打开的"均匀填充"对话框中默认的调色模式为"模型"模式，在"模型"下拉列表框中选择用户所需要的颜色模式，如选择 CMYK 颜色模式。在颜色框中单击鼠标选择颜色，也可在右侧的"组件"栏中通过输入数值精确设置颜色，如图 5-4 所示。设置完成后，单击"确定"按钮，为图形填充颜色，效果如图 5-5 所示。

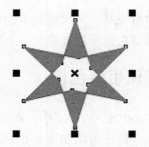

图 5-4　"均匀填充"对话框　　　　　图 5-5　为图形填充颜色

在"均匀填充"对话框中，选择"混合器"选项卡可以切换到混合器模式（如图 5-6 所示）；选择"调色板"选项卡可以切换到调色板模式（如图 5-7 所示）。使用任一种模式均可为图形填充颜色。

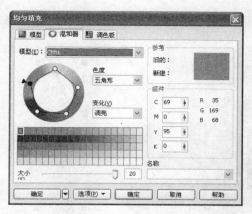

图 5-6   "混合器"选项卡

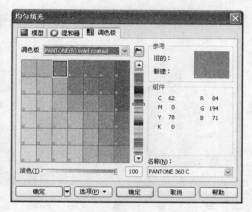

图 5-7   "调色板"选项卡

5.1.3   使用"颜色"泊钨窗

选择"窗口"→"泊坞窗"→"颜色"命令，在 CorelDRAW X4 右侧将显示出"颜色"泊钨窗，默认情况下显示的是颜色滑块模式，如图 5-8 所示。在该模式下，用户可以根据自己的需要拖动滑块调整对象的颜色，也可以通过输入颜色值来确定对象的颜色。

在"颜色"泊钨窗上单击"显示颜色查看器"按钮▣，将显示泊钨窗的颜色查看器模式，如图 5-9 所示。在该模式下颜色非常丰富。

在"颜色"泊钨窗上单击"显示调色板"按钮▣，将显示泊钨窗的调色板模式，如图 5-10 所示。

图 5-8   颜色滑块模式

图 5-9   颜色查看器模式

图 5-10   调色板模式

❖   单击"填充"按钮，会将当前颜色填充到选定对象。

❖   单击"轮廓"按钮，会将当前颜色填充到选定对象的轮廓。

❖   单击▣按钮，页面中被选中对象的颜色会动态地随颜色面板中的颜色而变化。

打开如图 5-11 所示的"人物轮廓"图形，在"颜色"泊钨窗的颜色查看器模式下为图形填充颜色，具体操作步骤如下：

（1）使用选择工具选中人物，在"颜色"泊钨窗上单击"显示颜色查看器"按钮▣，将显示泊钨窗的颜色查看器模式。

（2）在对话框中选择 RGB 颜色模式，在右侧的"黑色组件"栏中输入数值分别为 R: 235、G: 91、B: 18，如图 5-12 所示。

（3）分别单击"填充"和"轮廓"按钮，为人物图形及其轮廓填充颜色，填充效果如图 5-13 所示。

图 5-11　打开的人物图形

图 5-12　选择填充颜色

图 5-13　填充效果

5.2　渐变填充

渐变填充就是使用多种颜色对同一个图形对象进行填充，各颜色之间会产生渐变色彩。单击填充工具，在展开的"填充工具"下拉列表中单击"渐变"按钮，打开"渐变填充"对话框，单击"类型"下拉列表框右侧的按钮，在弹出的下拉列表中提供了线性、射线、圆锥和方角 4 种渐变类型，如图 5-14 所示。

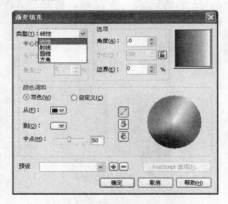
图 5-14　"渐变填充"对话框

在"选项"栏的"角度"数值框中可以设置渐变填充的倾斜角度，在"边界"数值框中可以设置颜色过渡的边缘宽度。

选中要进行渐变填充的图形对象，然后直接按 F11 键也可以打开"渐变填充"对话框。

5.2.1　线性渐变

打开"渐变填充"对话框，在默认情况下为"线性"渐变类型。若在"颜色调和"栏中选中双色(W)单选按钮，则可从下方的"从"和"到"颜色框中选择两种颜色进行渐变填充。若选中◎自定义(C)单选按钮，则可在下方的渐变颜色设置框中进行多种颜色的自定义填充。

下面使用线性渐变填充方式为如图 5-15 所示的"心形"图形填充从红色到黄色，再到红色的渐变效果，具体操作步骤如下：

（1）选中"心形"图形，打开"渐变填充"对话框，在"类型"下拉列表框中选择"线性"渐变类型。

（2）选中◎自定义(C)单选按钮，在下方的渐变颜色设置框中，单击左侧的小方块■，在右侧的颜色框中单击"橘红"色块。

（3）使用同样的方法在渐变颜色设置框的右侧位置也设置为橘红色；然后单击渐变颜色设置框的中部，在"位置"数值框中输入"50"，再单击右侧颜色框中的"黄色"色块，其他设置如图 5-16 所示。

（4）单击 确定 按钮，则渐变填充效果如图 5-17 所示。

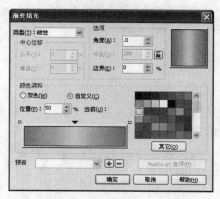

图 5-15　选择"心形"图形　　　图 5-16　"渐变填充"对话框　　　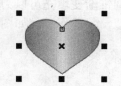

图 5-17　填充的渐变效果

> 双击渐变颜色设置框上边缘可以添加和删除控制点，也可以在"位置"数值框中直接输入数值精确定位控制点的位置。

5.2.2　射线渐变

射线渐变填充就是填充颜色以一点为中心，向四周发射的一种渐变方式。

下面使用射线渐变填充方式为如图 5-15 所示的"心形"图形填充从绿色到浅黄色渐变效果，具体操作步骤如下：

（1）选择需要进行渐变填充的"心形"图形，在"渐变填充"对话框的"类型"下拉列表框中选择"射线"渐变类型。

（2）选中◎双色(W)单选按钮，单击"从"下拉列表框，在打开的颜色框中选择起始颜色为绿色，如图 5-18 所示；单击"到"下拉列表框右侧的下拉箭头，在打开的颜色框中选择终止色为浅黄色。

（3）拖动"中点"滑块设置值为 27，其他设置如图 5-19 所示，单击 确定 按钮，为对象填充颜色，效果如图 5-20 所示。

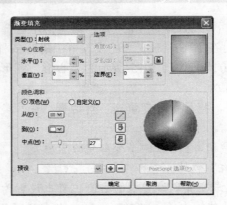

图 5-18　设置渐变起始颜色　　图 5-19　设置射线渐变填充方式　　图 5-20　射线渐变效果

若图 5-18 所示颜色框中的颜色不能满足用户的需要，可以单击颜色框下方的 其它(O)... 按钮，在打开的"选择颜色"对话框中选择需要的颜色。

5.2.3　圆锥渐变

圆锥渐变填充可以为图形创造出圆锥形的渐变效果。圆锥渐变填充方法和射线渐变填充方法类似，其操作过程如图 5-21 所示。

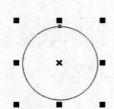

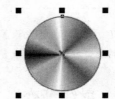

图 5-21　圆锥渐变填充操作过程

5.2.4　方角渐变

利用矩形工具绘制一个如图 5-22 所示的矩形。在"渐变填充"对话框的"类型"下拉列表框中选择"方角"渐变类型，再选中 ◉自定义(C) 单选按钮，然后在渐变颜色设置框中设置渐变色，其他设置如图 5-23 所示，单击 确定 按钮，则方角渐变填充效果如图 5-24 所示。

在"渐变填充"对话框的"预设"下拉列表框中可以选择 CorelDRAW X4 自带的多种渐变填充效果。单击 ⊞ 按钮可将绘制的渐变效果添加到预设列表中，单击 ⊟ 按钮可将渐变效果从预设列表中删除。

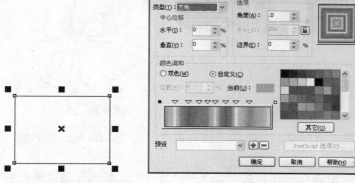

图 5-22　绘制要填充的矩形　　图 5-23　设置方角渐变填充方式　　图 5-24　方角渐变效果

5.2.5　实例：为一束鲜花上色

本例将通过使用"颜色"、"渐变"和 PostScript 填充工具为一束鲜花轮廓填充颜色，具体操作步骤如下：

（1）打开需要填充的鲜花图形，使用选择工具选中其中的一个花朵，如图 5-25 所示。

（2）单击调色板上的"粉蓝"色块，为选中的花朵填充粉蓝色，如图 5-26 所示。

（3）利用选择工具选中图片上的另一个花朵，单击填充工具，在展开的"填充工具"下拉列表中单击"渐变"按钮，打开"渐变填充"对话框，在"类型"下拉列表框中选择"射线"渐变类型。

（4）选中双色(W)单选按钮，单击"从"下拉列表框右侧的下拉箭头，在打开的颜色框中选择起始颜色为红色，如图 5-27 所示；单击"到"下拉列表框右侧的下拉箭头，在打开的颜色框中选择终止色为白色。

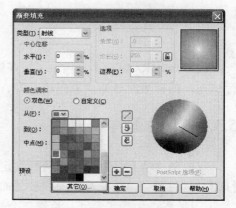

图 5-25　选中一个花朵　图 5-26　为选中的花朵填充粉蓝色　　图 5-27　"渐变填充"对话框

（5）单击　确定　按钮，为对象填充渐变颜色，效果如图 5-28 所示。

（6）选中第 3 个花朵，使用相同的方法利用"渐变填充"对话框为其填充黄色渐变，效果如图 5-29 所示。

（7）单击选择工具，选中花束部位，如图 5-30 所示。

图 5-28　填充红色渐变

图 5-29　填充黄色渐变

图 5-30　选中花束

（8）单击填充工具，在展开的"填充工具"下拉列表中单击 PostScript 按钮，打开"PostScript 底纹"对话框。

（9）在对话框的底纹列表框中选择一种样式，如选择"彩泡"，其他参数设置如图 5-31 所示。选中预览填充(P)复选框，可以对所选择的底纹图案进行预览。

（10）单击 确定 按钮，则 PostScript 底纹填充效果如图 5-32 所示。

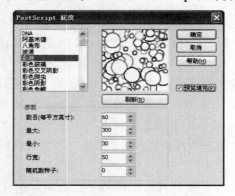

图 5-31　"PostScript 底纹"对话框

图 5-32　PostScript 底纹填充效果

5.3　图　样　填　充

在 CorelDRAW X4 中预设了很多图样，用户可以将这些图样以平铺的方式对图形对象进行填充。图样填充分为"双色填充"、"全色填充"和"位图填充"3 种填充类型。

5.3.1　双色图样填充

双色图样填充是指只使用两种指定颜色的图案进行填充，使用该填充方式可以加速显示和打印。双色图样填充的具体操作步骤如下：

（1）单击矩形工具，绘制一个矩形，如图 5-33 所示。

（2）单击填充工具，在展开的"填充工具"下拉列表中单击"图样"按钮，打开"图样填充"对话框，选中双色(C)单选按钮。

（3）在图样预览框中选择所需要的图案样式；在"前部"下拉列表框中选择颜色为黑色，在"后部"下拉列表框中选择颜色为红色。

（4）在"大小"栏的"宽度"和"高度"数值框中输入图样的尺寸，然后单击 确定 按钮，如图 5-34 所示。双色图样填充效果如图 5-35 所示。

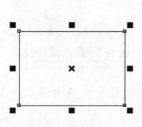

图 5-33　绘制矩形

图 5-34　"图样填充"对话框

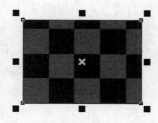

图 5-35　双色图样填充效果

> 若在"图样填充"对话框中单击"创建"按钮，可创建新的填充图样；单击"删除"按钮，可将列表框中不需要的图样删除。

5.3.2　全色图样填充

全色图样填充是利用矢量图来填充图形。填充图形后，无论将图形放大或缩小多少倍都不会影响其显示效果，仍然比较平滑、美观。

绘制一个矩形，打开"图样填充"对话框，选中 ⊙全色(F) 单选按钮，在图样填充预览框中选择需要的全色图样样式；在"大小"栏中设置图案的大小；在"变换"栏中设置图案的倾斜和旋转角度，设置完成后单击 确定 按钮，如图 5-36 所示。矩形的全色图样填充效果如图 5-37 所示。

图 5-36　全色图样填充设置

图 5-37　全色图样填充效果

> 若在"图样填充"对话框中选中"镜像填充"复选框，可将图样镜像填充图形对象。

5.3.3　位图图样填充

位图图样填充是指使用位图图像对图形对象进行填充，在 CorelDRAW X4 中预设了很多位图图样，用户也可以在"图样填充"对话框中单击"装入"按钮，在打开的"导入"对话框中选择需要导入的位图文件。位图图样填充的具体操作步骤如下：

（1）单击矩形工具 ▭，绘制一个矩形，如图 5-38 所示。

（2）单击填充工具 ◆，在展开的"填充工具"下拉列表中单击"图样"按钮 ▦，打开"图样填充"对话框，选中 ◉位图(B) 单选按钮，如图 5-39 所示。

（3）单击图样填充预栏框下方的 装入(D)... 按钮，打开"导入"对话框，在该对话框中选择需要转换为图样的位图，如图 5-40 所示。

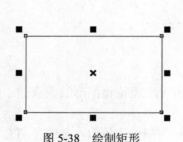

图 5-38　绘制矩形

图 5-39　位图图样填充设置

（4）单击 导入 按钮，导入位图图样，返回"图样填充"对话框，在"大小"栏中设置位图的大小后，单击 确定 按钮，则矩形的位图图样填充效果如图 5-41 所示。

图 5-40　"导入"对话框

图 5-41　位图图样填充效果

5.4　底纹填充

底纹填充是随机生成的填充方式，可以产生很多模仿材料质感和自然现象的真实视觉效果。底纹填充的具体操作步骤如下：

（1）选中如图 5-42 所示的图形，单击填充工具，在展开的"填充工具"下拉列表中单击"底纹"按钮，打开"底纹填充"对话框。

（2）在"底纹库"下拉列表框中选择"样本 6"选项，在"底纹列表"列表框中选择需要的底纹"条格布"，在其右侧栏中选择"第 1 色"为青色，如图 5-43 所示。

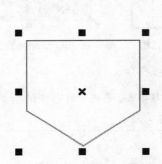

图 5-42　选中底纹填充对象　　　　　图 5-43　"底纹填充"对话框

（3）单击 平铺 按钮，打开"平铺"对话框，将"宽度"值设为 50.0mm，"高度"值设为 45.0mm，如图 5-44 所示。单击 确定 按钮，返回到"底纹填充"对话框，再单击 确定 按钮，则底纹填充效果如图 5-45 所示。

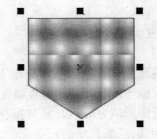

图 5-44　"平铺"对话框　　　　　　图 5-45　底纹填充效果

5.5　PostScript 填充

PostScript 填充是一种特殊效果的填充方式，是用 PostScript 语言设计出来的。该填充方式会占用较多的系统资源，影响系统的处理速度，所以不是很常用。

PostScript 填充的具体操作步骤如下：

（1）利用矩形工具绘制一个矩形，如图 5-46 所示。单击填充工具，在展开的"填充工具"下拉列表中单击 PostScript 按钮，打开"PostScript 底纹"对话框。

（2）在对话框的底纹列表框中选择一种样式，如选择"彩叶"，选中预览填充(P)复选框，可以对所选择的底纹图案进行预览，如图 5-47 所示。

（3）单击 确定 按钮，则 PostScript 底纹填充效果如图 5-48 所示。

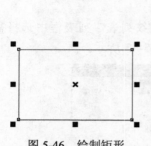
图 5-46　绘制矩形

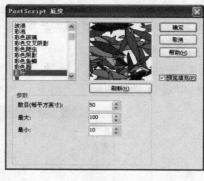
图 5-47　"PostScript 底纹"对话框

图 5-48　PostScript 底纹填充效果

在"填充工具"下拉列表中单击"无填充"按钮或者直接单击调色板中的⊠按钮，均可去掉图形对象的填充色。

5.6　交互式填充工具组

使用交互式填充工具组可以及时观看到参数设置后的填充效果，交互式工具包括交互式填充工具和网状填充工具，下面将分别进行讲解。

5.6.1　交互式填充工具

交互式填充工具是各种基本填充工具的综合，可以填充单色、渐变色和图案，它不仅可以使用鼠标进行操作，还可以利用其属性栏来实现，但其作用和填充工具类似。下面将使用交互式填充工具为图形填充颜色，具体操作步骤如下：

（1）使用矩形工具绘制一个矩形，如图 5-49 所示。单击交互式填充工具，在其属性栏的"填充类型"下拉列表框中选择"线性"选项，在"填充下拉式"颜色框■▼中选择蓝色，在"最终填充挑选器"颜色框□▼中选择白色，如图 5-50 所示。

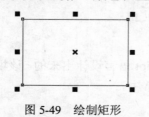
图 5-49　绘制矩形

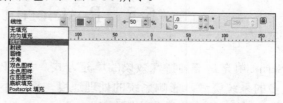
图 5-50　交互式填充工具属性栏

（2）填充后的图形效果如图 5-51 所示。使用鼠标分别拖动图形控制条上的端点和移动滑块到合适位置，则调整后的图形效果如图 5-52 所示。

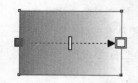

图 5-51　图形填充效果　　　　图 5-52　调整图形填充效果

5.6.2　网状填充工具

网状填充工具和其他填充工具的使用方法不同。使用网状填充工具，被填充图形上将出现分割网状填充区域的经纬线，可以选择一个或多个节点填充图形颜色，填充出来的图形效果非常丰富，颜色相对独立且比较柔和。

使用网状填充工具填充图形的具体操作步骤如下：

（1）打开需要填充的人物图形，使用选择工具选中人物的脸部，如图 5-53 所示。

（2）单击网状填充工具，在人物的脸部将出现网状线，使用鼠标光标在需要选中的节点上拖动，当框选住需要的节点后释放鼠标，如图 5-54 所示。

（3）在选中节点的状态下，在调色板上单击"橘红色"色块，则填充效果如图 5-55 所示。

图 5-53　选择人物脸部　　　　图 5-54　框选节点　　　　图 5-55　填充效果

（4）在属性栏的"网格大小"数值框中输入数值设置网格的行数和列数，如图 5-56 所示。然后使用相同的方法填充对象的其他部分。全部填充完毕后的最终效果如图 5-57 所示。

图 5-56　网状填充工具属性栏　　　　图 5-57　最终效果

5.7　使用滴管和颜料桶工具

滴管工具和颜料桶工具常常结合起来使用，滴管工具主要用来获取填充颜色或者图案，颜料桶工具主要用于将滴管工具获取的颜色或者图案填充到图形对象中。

使用滴管工具和颜料桶工具时，按 Shift 键可以在两者之间进行切换。

使用滴管工具和颜料桶工具填充图形对象的具体操作步骤如下：

（1）打开一幅人物图像，单击滴管工具 ，然后把鼠标光标移到左边人物的面部，当其变为 形状时，单击鼠标采集颜色，如图 5-58 所示。

（2）单击颜料桶工具 ，将鼠标光标移到右边人物的面部，当光标变为 形状时，单击则为人物脸部填充汲取的颜色，效果如图 5-59 所示。

图 5-58　汲取颜色　　　　　　　　　　　图 5-59　填充图形效果

（3）使用相同的方法，利用滴管工具分别汲取左边人物的上衣、裤子和袜子颜色，然后再使用颜料桶工具为右边人物填充相应的颜色，其操作过程如图 5-60 所示。

图 5-60　使用滴管和颜料桶工具为右边人物填充相应颜色

使用颜料桶工具填充对象时，当光标变为 形状时，表示将汲取的颜色填充到对象上；当光标变为 形状时，表示将对对象的轮廓进行填充。

5.8　上机练习——制作壁挂空调

本章上机练习将设计并制作壁挂空调产品的外观造型效果图，如图 5-61 所示。本例空调机所有的构成元素均需要徒手绘制，首先使用基本绘图工具和填充工具绘制出壁挂空调的机身，然后在面板上精心制作出圆形显示信号灯，最后为了更加突出产品形象，输入文字和导入卡通图片、液晶显示屏等。

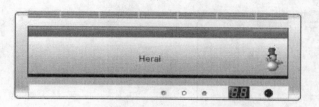

图 5-61　空调外观造型效果图

本例将详细介绍壁挂空调外观造型的制作过程，具体操作步骤如下：

1.　制作空调机身

（1）启动 CorelDRAW X4，新建一个图形文件。

（2）单击矩形工具口，在绘图页面中拖绘出一个宽度为 154mm、高度为 48mm 的矩形，并在属性栏中设置其边角圆滑度均为 8，效果如图 5-62 所示。

（3）单击填充工具，在展开的"填充工具"下拉列表中单击"渐变"按钮，打开"渐变填充"对话框。

（4）在"类型"下拉列表框中选择"线性"渐变类型；选中 ⊙ 自定义(C) 单选按钮，在下方的渐变颜色设置框　中设置渐变颜色，如图 5-63 所示。

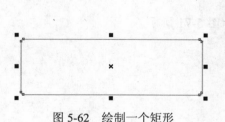

图 5-62　绘制一个矩形

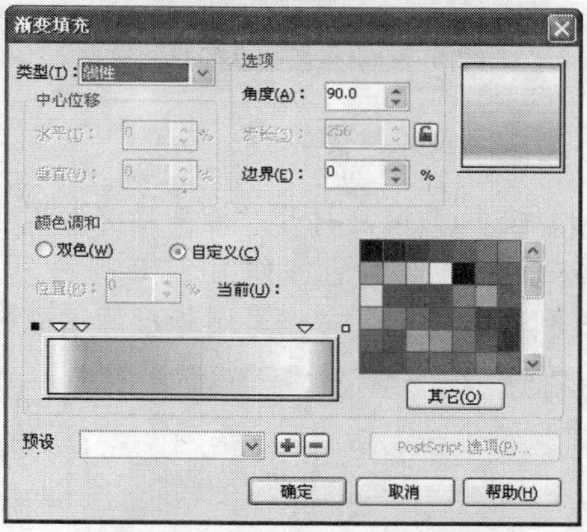

图 5-63　"渐变填充"对话框

（5）单击 确定 按钮，矩形的填充效果如图 5-64 所示。

（6）单击矩形工具口，在绘图页面中绘制一个宽度为 140mm、高度为 28mm 的矩形，如图 5-65 所示。

图 5-64　渐变填充效果 　　　　　　　图 5-65　绘制矩形

（7）按 F11 键，打开"渐变填充"对话框，选中 ⊙ 双色(W) 单选按钮，将"从"的颜色设置为黑色，将"到"的颜色设置为 20%黑色，并将"中点"数值设置为 91，其他参数的设置如图 5-66 所示。设置好后单击 确定 按钮，则矩形的填充效果如图 5-67 所示。

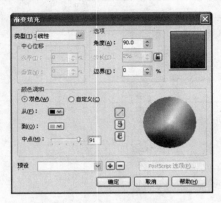

图 5-66　设置渐变填充参数

图 5-67　双色填充效果

（8）使用挑选工具选择刚填充的矩形，将其移动到大矩形上方的合适位置，如图 5-68 所示。

（9）单击矩形工具▢，在如图 5-69 所示的位置绘制一个宽度为 140mm、高度为 20mm 的矩形。

图 5-68　移动矩形位置

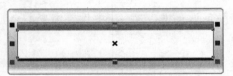

图 5-69　绘制的矩形效果

（10）按 F11 键，打开"渐变填充"对话框，选中◉自定义(C)单选按钮，在下方的渐变颜色设置框中设置渐变颜色，如图 5-70 所示。

（11）单击□确定□按钮，则矩形的填充效果如图 5-71 所示。

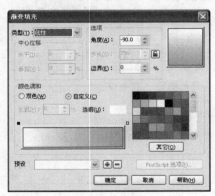

图 5-70　设置渐变参数

图 5-71　矩形填充效果

（12）利用矩形工具绘制一个宽度为 140mm、高度为 0.5mm 的矩形，并在"渐变填充"对话框中将其填充为"线性"渐变色，效果如图 5-72 所示。

（13）选择刚绘制的矩形，复制两个同样的矩形，并等间距排列，如图 5-73 所示。

图 5-72　绘制并填充矩形

图 5-73　复制矩形

（14）利用矩形工具在图形上方再绘制一个小矩形，并将其填充为10%黑色，效果如图5-74所示。

（15）按住 Ctrl 键，将绘制的小矩形向右移动一段距离，右击复制出一个小矩形，然后再按 Ctrl+D 键4次，制作出如图5-75所示的图形。

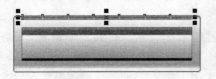

图 5-74　绘制一个小矩形

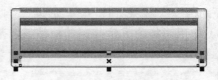

图 5-75　再制作多个矩形效果

（16）使用挑选工具框选图5-75所示的图形，右击，在弹出的快捷菜单中选择"群组"命令，使其成为一个群组对象。

（17）选择群组对像，将其移动到如图5-76所示的位置。

（18）利用矩形工具在图形下方再绘制一个宽度为140mm、高度为7mm的矩形，并将其填充为白色，效果如图5-77所示。

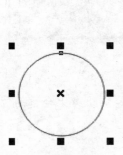

图 5-76　移动群组对象的位置

图 5-77　将矩形填充为白色

2. 制作空调显示信号灯

（1）单击椭圆形工具 ⊙，按住 Ctrl 键绘制一个正圆，如图5-78所示。

（2）按F11键，打开"渐变填充"对话框，选择"线性"渐变类型，选中 ⊙自定义(C)单选按钮，在下方的渐变颜色设置框中设置渐变颜色，如图5-79所示。

（3）单击 确定 按钮，则矩形的填充效果如图5-80所示。

图 5-78　绘制正圆　　　　　图 5-79　设置渐变填充 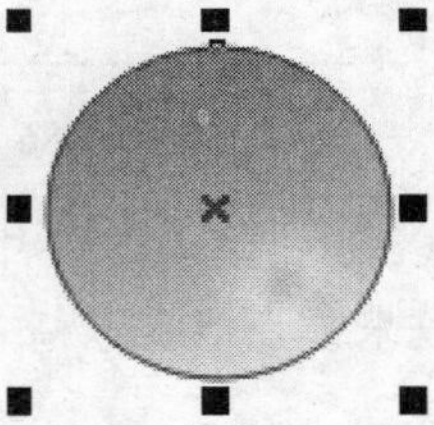　　　　　图 5-80　渐变填充效果

（4）利用椭圆形工具在图5-80所示的正圆上面再绘制一个半径小一点的正圆，如图5-81所示。

（5）按F11键，打开"渐变填充"对话框，选择"射线"渐变类型，选中 ⊙自定义(C)单选按钮，在下方的渐变颜色设置框中设置渐变颜色，如图5-82所示。

（6）单击 确定 按钮，则正圆的射线渐变填充效果如图5-83所示。

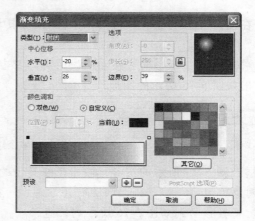

图 5-81 再绘制一个正圆　　　图 5-82 设置"射线"渐变类型　　　图 5-83 射线填充效果

（7）使用挑选工具框选图 5-83 所示的图形，将其进行群组操作，然后调整大小并将其移动到空调机身上，效果如图 5-84 所示。

（8）使用同样的方法绘制其他按钮，填充不同的渐变颜色，将其大小调整好后移动到机身合适的位置，效果如图 5-85 所示。

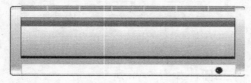　　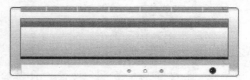

图 5-84 绘制一个信号灯　　　　　　　图 5-85 绘制其他信号灯

3. 输入文字和导入图片

（1）单击文本工具 字 ，设置字体、字体大小等属性后输入如图 5-86 所示的文字。

（2）选择"文件"→"导入"命令，导入如图 5-87 所示的卡通图片和液晶显示屏文字。

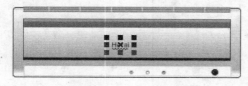　　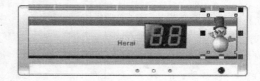

图 5-86 输入文字　　　　　　　　　图 5-87 导入图片

（3）调整卡通图片和液晶显示屏文字的大小，并将它们移动到空调机身上合适的位置，最终效果如图 5-61 所示。

5.9　本章小结

　　本章主要讲解了图形的填充操作，包括使用填充工具（均匀填充工具、渐变填充工具、图样填充工具、底纹填充工具和 PostScript 填充工具等）、交互式填充工具、交互式网状填充工具以及使用滴管和颜料桶工具填充对象，其中均匀填充、渐变填充、滴管和颜料桶工具的使用是本章学习的重点。

　　另外，通过本章的学习，读者也应了解工业设计的特点和要求，培养一定的产品外观造型的设计理念，提高绘制和修改图形的能力。

5.10　习　　题

一、填空题

1．渐变填充的类型包括线性、射线、_____和_____4种。

2．图样填充分为双色填充、_____和_____3种填充类型。

3．全色图样填充是利用_____来填充图形的。

4．_____主要用来汲取填充颜色或者图案，_____主要用于将滴管工具所获取的颜色或者图案填充到图形对象中。

二、选择题

1．随机生成的填充方式是_____。

　　A．均匀填充　　　　B．渐变填充　　　　C．底纹填充　　　　D．PostScript 填充

2．可以加速显示和打印的填充方式是_____。

　　A．双色图样填充　　B．全色图样填充　　C．位图图样填充　　D．渐变填充

三、问答题

1．渐变填充的类型包括哪几种？分别有什么特点？

2．图样填充的类型包括哪几种？分别有什么特点？

3．位图图样填充的具体操作步骤是什么？

4．网状填充工具与其他填充工具有什么区别？

四、操作题

1．打开如图 5-88 所示的"娃娃.cdr"图像，利用本章所学的填充颜色方法为其填充颜色，填充后的效果如图 5-89 所示。

图 5-88　娃娃图片　　　　　　　　　　　图 5-89　填充后的娃娃

提示：本例所用到的填充方式有均匀填充和渐变填充等。

2．使用基本形状工具组绘制一个 DVD 影碟机外观效果图，再填充各部分的颜色，效果如图 5-90 所示。

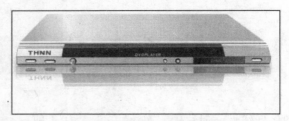

图 5-90　DVD 影碟机外观效果图

提示：

（1）使用基本绘图工具和填充工具绘制出 DVD 影碟机的机身。

（2）在机身的基础上，综合使用绘图工具绘制出面板，并在面板上精心制作出长方形和圆形两种按钮。

（3）制作完成后，为了更加突出产品形象，需要通过复制、翻转和交互式透明、交互式阴影等方法给产品制作投影效果和阴影效果。

第6章　编辑图形

本章导读

在绘制图形的过程中，并不是所有的图形都能够一次性达到用户满意的效果，这就需要使用 CorelDRAW X4 中的修饰图形功能和对图形对象的裁剪、切割、擦除以及造形等功能对图形进行反复的编辑和调整。本章将介绍如何使用 CorelDRAW X4 对图形进行编辑。

本章要点

- ◉ 修饰图形
- ◉ 裁剪、切割和擦除对象
- ◉ 造形对象
- ◉ 编辑轮廓线

6.1　修　饰　图　形

对图形的修饰操作主要包括使用涂抹笔刷工具涂抹图形，使用粗糙笔刷工具使图形对象的边缘产生锯齿效果，使用自由变换工具对图形进行自由旋转、自由角度的镜像以及任意扭曲等，下面将分别进行讲解。

6.1.1　使用涂抹笔刷工具

使用涂抹笔刷工具可以对曲线进行编辑，使曲线变得扭曲，生成新的对象。单击涂抹笔刷工具，其属性栏如图 6-1 所示。

图 6-1　涂抹笔刷工具属性栏

- ❖ "笔尖大小"数值框 1.0 mm：设置笔刷的大小尺寸。
- ❖ "在效果中添加水分浓度"数值框 0：在该数值框中可以输入-10～10 之间的数值，用于设置涂抹距离，值越大涂抹距离越小。
- ❖ "为斜移设置输入固定值"数值框 45.0°：在该数值框中输入数值，可以设置笔刷笔尖的倾斜角度。
- ❖ "为关系设置输入固定值"数值框 .0°：在该数值框中输入数值，可以设置笔刷笔尖的旋转角度。

下面使用涂抹笔刷工具对曲线进行扭曲操作，具体操作方法如下：

使用挑选工具选中曲线图形，如图 6-2 所示，单击涂抹笔刷工具 ，在属性栏中设置"笔尖大小"为 15mm。

当设置"在效果中添加水分浓度"值为 0 时，笔头的大小始终保持不变，单击图形，然后按住鼠标向外拖动，到合适位置时释放鼠标，则涂抹效果如图 6-3 所示。

图 6-2　选择曲线图形　　　　　图 6-3　设置笔刷水分浓度值为 0 时的涂抹效果

当设置"在效果中添加水分浓度"的值越大时，笔头由大变小的速度越快，当设置笔刷水份浓度值为 9 时，图形的涂抹效果如图 6-4 所示。

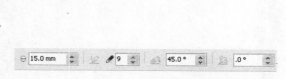

图 6-4　设置笔刷水分浓度值为 9 时的涂抹效果

当设置"在效果中添加水分浓度"值为负数时，笔头在拖动过程中将会由小变大，当设置笔刷水份浓度值为-9 时，则图形的涂抹效果如图 6-5 所示。

图 6-5　设置笔刷水分浓度值为-9 时的涂抹效果

涂抹笔刷工具只能编辑曲线图形，如果选择的对象不是曲线图形，则对图形进行涂抹操作时，弹出"转换为曲线"对话框，单击"确定"按钮，即可将图形转换为曲线。

6.1.2　使用粗糙笔刷工具

粗糙笔刷工具可以将对象的边缘变得扭曲，产生锯齿效果。单击粗糙笔刷工具 ，将弹出如图 6-6 所示的属性栏。

图 6-6　粗糙笔刷工具属性栏

下面使用粗糙笔刷工具对图形进行扭曲操作，具体操作步骤如下：

（1）打开需要进行扭曲操作的图形，使用挑选工具选中图形的左边部位，如图 6-7 所示。单击粗糙笔刷工具，在属性栏中设置"笔尖大小"为 20mm。

（2）在"输入尖突频率的值"数值框中输入"1"，单击并拖动鼠标，到合适位置时释放鼠标，在图形边缘生成的锯齿效果如图 6-8 所示。

（3）使用挑选工具选中图形的右边部位，在"输入尖突频率的值"数值框中输入"8"，单击并拖动鼠标，到合适位置时释放鼠标，则在图形边缘生成的锯齿效果如图 6-9 所示。

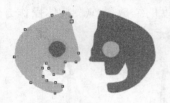
图 6-7　选择图形

图 6-8　锯齿效果（一）

图 6-9　锯齿效果（二）

使用粗糙笔刷工具时，在属性栏的"输入尖突频率的值"数值框中可以输入 1～10 之间的任意数值，当设置尖突率值为 1 时，其扭曲率较低；当设置尖突率值为 10 时，其扭曲率最高。

6.1.3　使用自由变换工具

单击形状工具，在弹出的工具列表中单击自由变换工具，其属性栏如图 6-10 所示，使用其属性栏可以对图形进行任意变换，下面将分别进行讲解。

图 6-10　自由变换工具属性栏

❖　自由旋转工具：单击该按钮，可对选择的图形对象进行任意旋转。

使用挑选工具将需要旋转的图形选中，如图 6-11 所示。将鼠标移动到绳子顶部，然后单击并拖动鼠标旋转锤子图形，到合适角度后释放鼠标，旋转效果如图 6-12 所示。

图 6-11　选择旋转对象

图 6-12　旋转图形

❖　自由角度镜像工具：单击该按钮，可对图形进行任意角度的镜像操作，但在操作之前，也需要使用挑选工具将要进行镜像操作的图形对象选中，操作方法如图 6-13 所示。

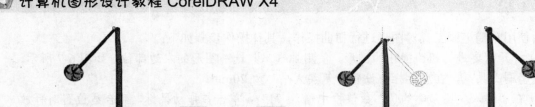

图 6-13　镜像图形对象

❖ 　自由调节工具▣：单击该按钮，可对图形进行任意角度的缩放操作，具体操作方法如图 6-14 所示。

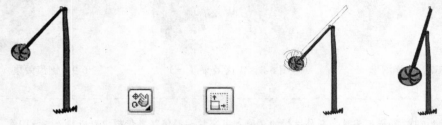

图 6-14　缩放图形对象

❖ 　任意扭曲工具▣：单击该按钮后，可对图形进行任意扭曲操作，具体操作方法如图 6-15 所示。

图 6-15　扭曲图形对象

在属性栏中单击"水平镜像"按钮可水平镜像对象；单击"垂直镜像"按钮可垂直镜像对象；单击"应用到再制"按钮，在对图形进行旋转、缩放等操作时，可保留原始对象。

6.2　裁剪、切割和擦除对象

CorelDRAW X4 提供的裁剪工具、刻刀工具和橡皮擦工具可以分别用来裁剪、切割和擦除对象，下面将分别进行讲解。

6.2.1　使用裁剪工具

利用裁剪工具可以将图像中不需要的部分裁剪掉，只保留裁剪框内的区域。

裁剪图形的具体操作方法为：导入一幅图片，如图 6-16 所示，单击裁剪工具，将鼠标光标移到图片上单击并拖动，出现一个选取框，到合适位置时释放鼠标，然后双击，即可将选取框外的图像裁剪掉，如图 6-17 所示。

图 6-16　导入图片　　　　　　　　　　　　图 6-17　裁剪图片

在使用裁剪工具出现裁剪选取框时，用户也可以单击并拖动选取框来调整选取范围的大小。

6.2.2　使用刻刀工具

使用刻刀工具可以将图形分割成多个部分，分割的多个对象可以成为一个对象，也可以自动闭合为多个对象。

选择需要分割的图形，单击刻刀工具，其属性栏如图 6-18 所示。

图 6-18　刻刀工具属性栏

1. 成为一个对象

使分割后的图形对象成为一个对象的具体操作步骤如下：

（1）单击挑选工具，选中要切割的图形对象，如图 6-19 所示。

（2）单击刻刀工具，再单击属性栏中的"成为一个对象"按钮，将鼠标光标移到要分割的图形对象上，当光标变为形状时单击，确定分割点，如图 6-20 所示。

（3）单击形状工具，单击并拖动分割节点到一定位置，效果如图 6-21 所示。

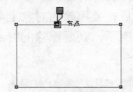
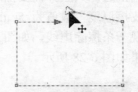

图 6-19　选择图形对象　　　图 6-20　确定分割点　　　图 6-21　移动节点位置

2. 分割后对象自动闭合

使分割后的对象自动闭合的具体操作步骤如下：

（1）使用挑选工具选中需要分割的图形对象，如图 6-19 所示。

（2）单击刻刀工具 ，再单击属性栏中的"剪切时自动闭合"按钮 ，把鼠标光标移到对象上单击一点作为分割的起点，如图 6-22 所示。

（3）拖动光标到分割的终点位置时释放，这样将绘制出一条任意形状的分割线，效果如图 6-23 所示。

（4）使用挑选工具选中其中一个对象移动一段距离，效果如图 6-24 所示。

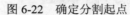
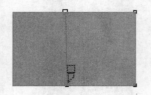

图 6-22　确定分割起点　　　　图 6-23　绘制分割线　　　　图 6-24　移动分割后的对象

在使用刻刀工具分割对象时，可以在对象上单击两点沿直线分割，也可以拖动鼠标沿手绘线分割。

6.2.3　使用橡皮擦工具

橡皮擦工具可以将图形或图像上不需要的部分擦除，擦除后的图形将会自动闭合，擦除对象分为直线擦除和手绘线擦除两部分。

单击橡皮擦工具 ，将弹出橡皮擦工具属性栏，如图 6-25 所示。

图 6-25　橡皮擦工具属性栏

◇　"橡皮擦厚度"数值框 ：设置橡皮擦工具的笔尖大小。

◇　"擦除时自动减少"按钮 ：单击该按钮，可减少擦除时多余的节点。

◇　"圆形/方形"按钮 ：单击该按钮，可设置橡皮擦笔触的形状为圆形笔触或者方形笔触。

1．沿直线擦除对象

使用挑选工具选择需要擦除的对象，如图 6-26 所示。单击橡皮擦工具 ，在属性栏中设置"橡皮擦厚度"数值为 5mm，然后在要擦除的对象上单击确定擦除的起点，移动鼠标，此时会出现一条擦除虚线，如图 6-27 所示。到要擦除的终点处单击，则虚线经过的位置将被擦除，效果如图 6-28 所示。

图 6-26　选择对象　　　　图 6-27　确定擦除路径　　　　图 6-28　直线擦除效果

2．沿手绘线擦除对象

选择要擦除的对象，在属性栏中设置"橡皮擦厚度"为 10mm，在对象上任意位置单击并拖动鼠标，则可以沿手绘线擦除对象，效果如图 6-29 所示。

图 6-29　手绘擦除效果

6.2.4　删除虚拟线段

CorelDRAW X4 提供了虚拟段删除工具，可以将图形对象中多余的线段删除，具体操作步骤如下：

（1）单击椭圆形工具 ◎，按住 Shift 键绘制一个正圆，如图 6-30 所示。

（2）单击矩形工具 ▢，以正圆形的一条水平直径为边绘制一个如图 6-31 所示的矩形。

（3）单击虚拟段删除工具 ⚡，将鼠标光标移动到多余的线段上，当光标变为 形状时单击，则可将多余的线段删除，如图 6-32 所示。

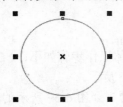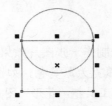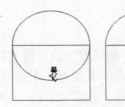

图 6-30　绘制圆形　　　　图 6-31　绘制矩形　　　　图 6-32　删除虚拟线

> 在使用虚拟段删除工具时，如果需要被删除的曲线没有与其他图形或者辅助线相交，则会将整条曲线删除。

6.3　造　形　对　象

造形对象是指将对象进行焊接、修剪、相交以及简化等变形操作，将多个相互重叠的图形对象创建成为一个新的图形对象。造形对象可以方便快速地绘制出更多丰富多彩的图形效果，本节将对这些操作进行详细介绍。

6.3.1 焊接对象

焊接对象是指将多个图形对象结合生成一个新的图形对象。对于相互重叠的对象，焊接后会将这些对象的轮廓线连接起来，生成一个单一轮廓线的图形对象；对于没有重叠的对象，那么焊接后将会变为一个合并对象。

使用挑选工具同时选中需要焊接的图形，如图 6-33 所示，选择"窗口"→"泊钨窗"→"造形"命令，在 CorelDRAW X4 窗口的右侧将显示"造形"泊钨窗，在下拉列表框中选择"焊接"选项，如图 6-34 所示。然后单击 焊接到 按钮，此时鼠标变为 形状，单击需要焊接的圆形，则焊接后的效果如图 6-35 所示。

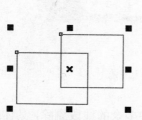
图 6-33 选择焊接对象

图 6-34 选择"焊接"选项

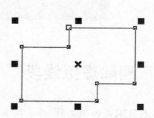
图 6-35 图形焊接效果

6.3.2 修剪对象

修剪对象是将被修剪对象（即目标对象）的重叠区域剪除，生成新的对象。新对象的属性与目标对象一致。

1. 修剪

使用"造形"泊钨窗中的"修剪"命令制作一张图片效果，具体操作步骤如下：

（1）单击矩形工具绘制一个矩形，并填充为深黄色，如图 6-36 所示。

（2）打开一张"花形"图片，利用挑选工具把"花形"图片移动到如图 6-37 所示的位置。

图 6-36 绘制的矩形

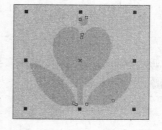
图 6-37 打开"花形"图片

（3）选中"花形"图片，选择"窗口"→"泊钨窗"→"造形"命令，显示"造形"泊钨窗，选择"修剪"选项，如图 6-38 所示。

（4）单击 修剪 按钮，此时鼠标光标变为 形状，把光标移动到矩形图形上单击，则剪切后的效果如图 6-39 所示。

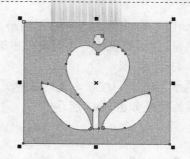

图 6-38　选择"修剪"选项　　　　图 6-39　图形修剪效果

简化对象和修剪对象有所不同：简化对象是上层的对象修剪下层的对象，而修剪对象是用"来源对象"修剪"目标对象"。

2. 前减后与后减前

前减后操作可以清除后面的图形及前后图形的重叠部分；而后减前操作是清除前面的图形及前后图形的重叠部分，是前减后的反向操作。

选中绘制的两个矩形图形，在"造形"泊坞窗的下拉列表框中选择"前减后"选项，单击 应用 按钮，效果如图 6-40 所示；如果选择"后减前"选项，单击 应用 按钮，则效果如图 6-41 所示。

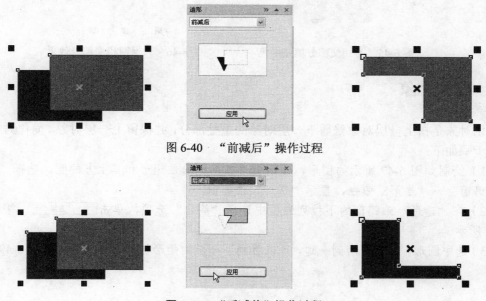

图 6-40　"前减后"操作过程

图 6-41　"后减前"操作过程

6.3.3　相交对象

相交对象是指通过对多个图形对象重叠部分的取舍来创建新的对象，新对象的属性取决于目标对象。相交对象的具体操作步骤如下：

（1）选中如图 6-42 所示的黄色心形图形，选择"窗口"→"泊钨窗"→"造形"命令，显示"造形"泊钨窗，在泊钨窗的下拉列表框中选择"相交"选项，并同时选中 ☑ 来源对象 和 ☑ 目标对象 复选框，如图 6-43 所示。

（2）单击 [相交] 按钮，此时鼠标光标变为 形状，把光标移动到红色心形图形上单击，则相交后的效果如图 6-44 所示。

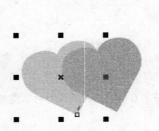
图 6-42　选择两个心形

图 6-43　选择"相交"选项

图 6-44　相交后效果

（3）选中图形中的相交部分，并为其填充绿色，效果如图 6-45 所示。

（4）在"造形"泊钨窗的"相交"选项下，如果同时取消选中 ☑ 来源对象 和 ☑ 目标对象 复选框，则相交后的图形效果如图 6-46 所示。

图 6-45　为相交部分填充绿色

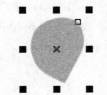
图 6-46　只保留相交部分效果

6.3.4　简化对象

简化对象是指上一层对象修剪下一层对象的重叠部分，并保留上一层对象。简化对象的具体操作步骤如下：

（1）绘制如图 6-47 所示的图形，使用挑选工具框选住矩形和其上方的圆，选择"窗口"→"泊钨窗"→"造形"命令，显示"造形"泊钨窗。

（2）在"造形"泊钨窗的下拉列表框中选择"简化"选项，单击 [应用] 按钮，如图 6-48 所示。

（3）选中圆形，把其移动到一边，可以看到下一层的矩形被修剪了，效果如图 6-49 所示。

图 6-47　绘制矩形和圆

图 6-48　选择"简化"选项

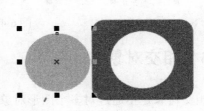
图 6-49　"简化"后效果

造形对象除了可以通过"造形"泊钨窗实现外，也可以通过单击属性栏中的"焊接"、"修剪"、"相交"、"简化"和"前减后"、"后减前"等按钮来实现。

6.4　编辑轮廓线

编辑轮廓线包括编辑轮廓线的颜色、宽度，设置轮廓线的样式、线角和端头等。编辑轮廓线可以通过"轮廓色"对话框和"轮廓笔"对话框以及轮廓工具组等来实现。下面将分别进行讲解。

6.4.1　编辑轮廓线颜色和宽度

默认情况下，图形的轮廓线颜色为黑色，选择需设置轮廓线颜色和宽度的图形，再单击工具箱中的轮廓工具，在展开的工具组中单击"颜色"按钮，如图 6-50 所示。打开"轮廓色"对话框，在该对话框中选择相应的颜色，然后单击 确定 按钮即可，如图 6-51 所示。

图 6-50　轮廓工具组　　　　　　　图 6-51　"轮廓色"对话框

用户也可以直接右击调色板上的色块为图形轮廓填充颜色。

6.4.2　设置轮廓线样式、线角和端头

选择图形，单击工具箱中的轮廓工具，在展开的工具组中单击"画笔"按钮，打开"轮廓笔"对话框，如图 6-52 所示。

- ✧ 单击"颜色"下拉列表框右侧的按钮，在弹出的颜色框中单击一种色块，可以为图形轮廓线填充该颜色，如图 6-53 所示。
- ✧ 在"宽度"下拉列表框中选择所需的轮廓宽度数值，在右侧的单位下拉列表框中选择合适的单位，如图 6-54 所示。

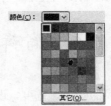

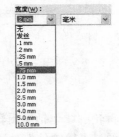

图 6-52 "轮廓笔"对话框　　　图 6-53 设置轮廓线颜色　图 6-54 设置轮廓线宽度

选中图形后，单击轮廓工具 ，在展开的工具组中直接选择线条的粗细，即可为图形的轮廓线设置宽度。

❖ 在"样式"下拉列表框中选择所需的轮廓线样式，如图 6-55 所示。
❖ 单击 编辑样式 按钮，打开"编辑线条样式"对话框，在该对话框中可以根据用户的需要自定义轮廓线条的样式，然后再单击"添加"按钮即可，如图 6-56 所示。

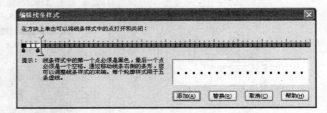

图 6-55 选择轮廓线样式　　　　　图 6-56 编辑线条样式

❖ 在对话框中的"角"栏中选中任一单选按钮，可为轮廓线设置线角的类型，如图 6-57 所示。
❖ 在对话框中的"线条端头"栏中选中任一单选按钮，可设置轮廓线端头，如图 6-58 所示。
❖ 在"箭头"栏中可以为轮廓线条设置起始端箭头和结束端箭头，如图 6-59 所示。

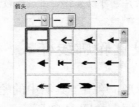

图 6-57 设置轮廓线角　　图 6-58 设置轮廓线端头　　图 6-59 设置轮廓线箭头

6.4.3 实例：制作一交通标识示意图

标识最重要的作用是指向性和指导性。本例将制作一幅简单的交通标识示意图，如图 6-60

所示。本实例主要应用矩形工具、椭圆形工具绘制出基本图形，然后对绘制的基本图形利用"轮廓笔"对话框设置轮廓线的颜色、宽度以及添加箭头等。

图 6-60　交通标识示意图

具体制作步骤如下：

（1）单击椭圆形工具，按住 Ctrl 键绘制一个直径为 65mm 的正圆，如图 6-61 所示。

（2）在属性栏的"轮廓宽度"下拉列表框中设置轮廓的宽度为 5mm，右击调色板上的"红色"色块，设置正圆轮廓线为红色，效果如图 6-62 所示。

（3）单击钢笔工具，绘制一条如图 6-63 所示的斜线。

图 6-61　绘制正圆　　　　图 6-62　设置轮廓线宽度和颜色　　　　图 6-63　绘制斜线

（4）单击形状工具，选中斜线上的两个节点，单击属性栏中的"转换直线为曲线"按钮，拖动节点处的控制柄，调整曲线形状如图 6-64 所示。

（5）使用挑选工具选择曲线，单击轮廓工具，再在展开的工具组中单击"画笔"按钮，打开"轮廓笔"对话框。

（6）曲线默认的颜色为黑色，在"宽度"下拉列表框中选择所需的轮廓宽度数值，如选择 4.0 mm。

（7）在"箭头"栏中为曲线设置结束端箭头，如图 6-65 所示。

（8）设置完成后，单击　确定　按钮，则曲线效果如图 6-66 所示。

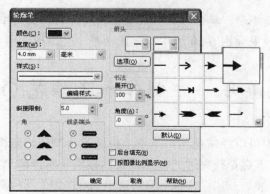

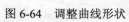

图 6-64　调整曲线形状　　　　　图 6-65　"轮廓笔"对话框　　　　　图 6-66　设置轮廓线宽和箭头

（9）使用挑选工具将箭头曲线移动到正圆内部，如图 6-67 所示。

（10）单击手绘工具，在正圆内部绘制正圆的一条直径，效果如图 6-68 所示。

（11）利用步骤（2）的方法设置直径的轮廓宽度为 5mm，轮廓线为红色，效果如图 6-69 所示。

图 6-67　移动箭头曲线　　图 6-68　绘制一条直径　　图 6-69　设置直径的轮廓宽度和颜色

（12）单击矩形工具，在属性栏中设置边角圆滑度均为 30，在正圆外部绘制一个宽度和高度均为 75.0mm 的圆角矩形，如图 6-70 所示。

（13）选择"排列"→"变换"→"大小"命令，打开"变换"泊钨窗，在"大小"栏中设置"水平"和"垂直"值均为 82.0mm，其他设置如图 6-71 所示。

（14）单击 应用到再制 按钮，则复制生成一个宽度和高度均为 82mm 的圆角矩形，如图 6-72 所示。

图 6-70　绘制圆角矩形　　图 6-71　"变换"泊钨窗　　图 6-72　复制矩形

（15）选中内部的圆角矩形，单击轮廓工具，在展开的工具组中选择"8 点"选项将轮廓宽度设置为 8 点轮廓，效果如图 6-60 所示。至此，整个交通标识图制作完成。

6.5　上机练习——制作一张梅花 Q 扑克牌

扑克牌在人们的生活中可以经常看到，本章上机练习将制作一张梅花 Q 扑克牌，效果如图 6-73 所示。本例的制作重点是扑克牌的梅花图案，首先利用椭圆形工具绘制正圆，并对正圆图形选择"焊接"命令，然后利用"变换"泊钨窗中的"比例"选项对图形进行复制和镜像，并对复制的图形设置轮廓线，最后导入图片。

图 6-73　梅花 Q 扑克牌效果

通过本实例的制作，可以温习矩形和椭圆形工具的使用方法，进一步练习移动、缩放、复制、镜像对象等基本操作，熟悉多个对象群组、排列和焊接等命令。

下面详细介绍制作梅花 Q 扑克牌的操作过程，具体操作步骤如下：

（1）单击矩形工具，绘制一个宽度为 110mm、高度为 175mm 的矩形，效果如图 6-74 所示。

（2）单击多边形工具，按住 Ctrl 键在矩形中绘制出一个等边三角形，如图 6-75 所示。

（3）单击椭圆形工具，按住 Ctrl 键绘制一个正圆形，然后再复制两个相同的正圆，分别拖动 3 个正圆的中心将其放置在三角形的 3 个角上，如图 6-76 所示。

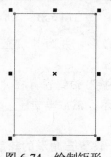

图 6-74　绘制矩形

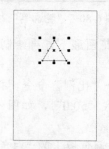

图 6-75　绘制三角形

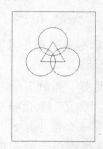

图 6-76　绘制 3 个正圆

（4）使用挑选工具选择三角形，按 Delete 键将其删除。

（5）框选住 3 个正圆，单击属性栏上的"焊接"按钮，焊接后的图形效果如图 6-77 所示。

（6）使用挑选工具单击调色板上的"黑色"色块，为焊接后的图形填充黑色，如图 6-78 所示。

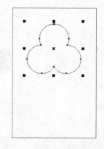

图 6-77　焊接图形

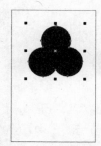

图 6-78　填充图形效果

（7）选择"排列"→"变换"→"比例"命令，打开"变换"泊坞窗，在"缩放"栏的"水平"和"垂直"数值框中分别输入"85.0"，如图 6-79 所示。然后单击 应用到再制 按钮，则可复制一个缩小后的图形。

（8）单击轮廓工具 ，在展开的工具组中单击"画笔"按钮，打开"轮廓笔"对话框，在"颜色"下拉列表框中选择"白色"，在"宽度"下拉列表框中选择 2.0mm 选项，如图 6-80 所示。

（9）单击 确定 按钮，则图形的轮廓效果如图 6-81 所示。

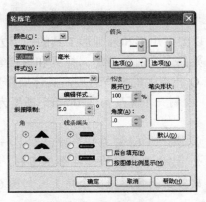

图 6-79　"变换"泊坞窗　　　　图 6-80　"轮廓笔"对话框　　　　图 6-81　图形轮廓效果

（10）单击多边形工具 ，在梅花图形下方再绘制一个三角形，并为其填充黑色，效果如图 6-82 所示。

（11）选择"排列"→"变换"→"比例"命令，打开"变换"泊坞窗，在"缩放"栏的"水平"和"垂直"数值框中分别输入"50.0"，如图 6-83 所示。然后单击 应用到再制 按钮，则可复制一个缩小后的三角形。

（12）选择缩小后的三角形，右击调色板上的"白色"色块，设置三角形的轮廓线为白色，然后在属性栏的"轮廓宽度"下拉列表框中设置轮廓的宽度为 2.5mm。适当移动小三角形的位置，则图形效果如图 6-84 所示。

图 6-82　绘制三角形　　　　图 6-83　"变换"泊坞窗　　　　图 6-84　复制的小三角形效果

（13）框选住矩形内的梅花图形，按 Ctrl+G 键群组图形，拖动图形四周的控制点，将其等比例缩小后移动到矩形的左上部，如图 6-85 所示。

（14）单击文本工具 ，在矩形左上角输入大写字母"Q"，字体设置为"微软简老宋"，字体大小为 120pt，并调整文字和梅花的位置，如图 6-86 所示。

（15）框选住文字和梅花图形，选择"排列"→"变换"→"比例"命令，打开"变换"泊坞窗，在"镜像"栏中分别单击"水平镜像"按钮 和"垂直镜像"按钮 ，如图 6-87 所示。

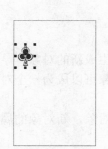

图 6-85　调整梅花图形的大小和位置　　图 6-86　字母"Q"和梅花效果　　图 6-87　"变换"泊坞窗

（16）单击 应用到再制 按钮，则在同一位置复制出一个和源对象对称的图形，选中该图形，将其移动到如图 6-88 所示的位置。

（17）导入如图 6-89 所示的卡通图片。

（18）利用选择工具将卡通人物移到扑克牌图片上，并改变其大小和位置，效果如图 6-90 所示。

图 6-88　文字和梅花镜像效果　　图 6-89　导入卡通图片　　图 6-90　扑克牌效果

6.6　本章小结

本章主要介绍了如何使用 CorelDRAW X4 对绘制的图形进行编辑和调整，使图形达到更加满意的效果。通过本章的学习，读者应该掌握以下几种技能。

（1）能熟练使用修饰工具，主要包括使用涂抹笔刷工具涂抹图形，使用粗糙笔刷工具使图形对象的边缘产生锯齿效果，使用自由变换工具对图形进行自由旋转、自由角度的镜像以及任意扭曲等。

（2）使用裁剪工具、刻刀工具和橡皮擦工具对图形进行裁剪、切割和擦除。

（3）使用造形对象对对象进行焊接、修剪、相交以及简化等变形操作，将多个相互重叠的图形对象创建成为一个新形状的图形对象。

（4）能够通过"轮廓色"对话框和"轮廓笔"对话框以及轮廓工具组编辑轮廓线。

6.7 习　题

一、填空题

1. 使用_____工具可以对曲线进行编辑，使曲线变得扭曲，生成新的对象。

2. 使用_____可以将图形分割成为多个部分，分割的多个对象可以成为一个对象，也可以自动闭合为多个对象。

3. 相交对象是通过对多个图形对象重叠部分的取舍来创建新的对象，新对象的属性取决于_____。

4. 默认情况下，图形的轮廓颜色为_____。

二、选择题

1. 能将对象的边缘变得扭曲、产生锯齿效果的工具是_____。

　　A. 糙笔刷工具　　　B. 涂抹笔刷工具　　　C. 自由变换工具　　　D. 编辑轮廓线

2. 用上一层对象修剪下一层对象的重叠部分，并保留上一层对象的方法是_____。

　　A. 焊接对象　　　　B. 修剪对象　　　　C. 相交对象　　　　D. 简化对象

三、问答题

1. 修饰图形的工具有哪些？分别有什么作用？

2. 如何沿手绘线擦除对象？

3. 相交对象的操作步骤是什么？

4. 编辑轮廓线的方法有哪些？分别有什么特点？

四、操作题

利用本章学过的知识，制作一个如图 6-91 所示的房地产标志图形。

图 6-91　标志图形

第 7 章 多个对象的组织

本章导读

CorelDRAW X4 提供了变换对象、多个对象的组织与管理等对象管理工具,利用这些工具,可实现移动对象、旋转对象、结合与拆分对象、对齐与分布对象等多项操作。本章将详细介绍各种对象管理功能,熟练掌握这些功能有利于设计者更有序地管理图形对象和提高图形设计的工作效率。

本章要点

- ◉ 变换对象
- ◉ 多个对象的组织与管理
- ◉ 复制和删除图形对象
- ◉ 撤销与重做

7.1 变 换 对 象

变换对象的操作一般包括选择对象、移动对象、旋转对象、缩放对象、倾斜对象和镜像图形对象等,可以通过挑选工具和“变换”泊坞窗来实现,下面将分别进行讲解。

7.1.1 使用挑选工具变换对象

1. 选择对象

在对图形对象进行编辑操作之前,首先需要选中该图形对象。选择对象的方法包括直接单击选择对象、框选对象及选择图形下面的对象等。

- ✧ 在 CorelDRAW X4 中,若用户只需选择其中的某一个对象,可单击挑选工具 ,然后直接单击该对象。
- ✧ 选择一个对象后,按住 Shift 键再连续单击其他图形可以同时选中多个对象,如图 7-1 所示;若需取消某个对象的选择状态,可按住 Shift 键,再次单击该对象。

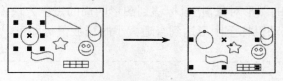

图 7-1 单击选择多个对象

❖ 在页面空白处单击或者按 Esc 键可以取消所有对象的选择状态。
❖ 单击挑选工具⬚，按住鼠标左键不放拖动光标，则完全被框选住的图形就会被选择，如图 7-2 所示。

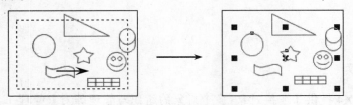

图 7-2　框选图形对象

❖ 单击挑选工具⬚，按住 Alt 键不放，单击图形，则该图形下方的对象被选中。
❖ 选择"编辑"→"全选"→"对象"命令或者按 Ctrl+A 键可以选中当前页面中的所有图形。

2. 移动对象

使用挑选工具移动对象的方法很简单。单击挑选工具⬚，选中图形对象，把鼠标移动到图形对象上，当光标变为✛形状时，单击并拖动对象到合适的位置释放鼠标即可。

　使用挑选工具选中图形对象，在属性栏的"对象位置"文本框中输入数值可以精确定位移动对象的位置。

3. 旋转对象

单击挑选工具⬚，选中图形对象，再次单击对象，当对象四周出现旋转手柄⤴时，单击并向逆时针或顺时针方向拖动控制手柄，在拖动的过程中会有蓝色的轮廓线框跟着旋转，指示旋转的角度，当旋转到合适位置后释放鼠标即可，效果如图 7-3 所示。

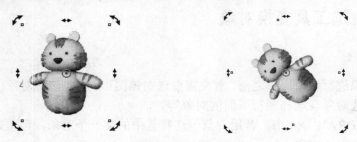

图 7-3　旋转图形对象

4. 缩放对象

选中需要进行缩放的图形对象，把鼠标移到图形四周的黑色方块控制点上，当光标变为↔、↕或↘形状时，单击并拖动鼠标至图形达到合适大小时释放鼠标即可，如图 7-4 所示。

　在拖动控制点缩放对象时，按住 Shift 键不放，则会以图形对象为中心进行等比例缩放。

图 7-4　不等比例缩放对象

可以将图形沿水平、垂直或对角线翻转达到镜像图形对象的目的。

5. 镜像对象

使用挑选工具可以将图形对象沿水平、垂直或对角线方向进行翻转，达到镜像图形的目的。选择要镜像的对象，把鼠标光标移到对象左侧的控制柄上，单击并向右侧拖动，当黑色线框达到合适位置时释放鼠标，则可产生水平镜像图形的效果，如图 7-5 所示。

图 7-5　镜像图形对象的操作过程

> 在镜像图形时，按住 Ctrl 键不放可以对图形进行水平、垂直或对角线方向的等大小镜像。另外，当镜像拖动图形到一定程度时，右击鼠标可以保留原图形。

6. 倾斜对象

使用挑选工具双击要倾斜的对象，当对象四周出现旋转控制手柄和倾斜控制手柄时，把鼠标光标移到倾斜控制手柄 ↔ 上，此时光标变为 ⇌ 形状，单击并拖动鼠标，倾斜到合适效果后释放鼠标，如图 7-6 所示。

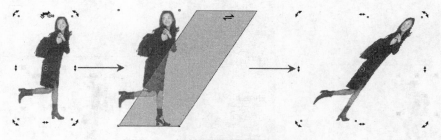

图 7-6　倾斜图形对象的操作过程

7.1.2　使用"变换"泊钨窗变换对象

在 CorelDRAW X4 中，选择"排列"→"变换"命令，在弹出的子菜单中提供了"位置"、"旋转"、"比例"、"大小"和"倾斜"5 个命令，如图 7-7 所示。选择其中任一命令，均可打开"变换"泊钨窗。

1. 移动对象的位置

选择"排列"→"变换"→"位置"命令，打开"变换"泊坞窗，如图 7-8 所示。使用它可以精确地移动对象的位置。

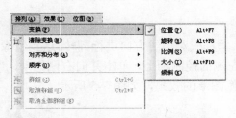

图 7-7 "变换"命令子菜单   图 7-8 "变换"泊坞窗

❖ "水平"数值框水平：.0 mm：在该数值框中输入数值，确定被选择对象的水平移动距离。

❖ "垂直"数值框垂直：.0 mm：在该数值框中输入数值，确定被选择对象的垂直移动距离。

❖ 相对位置复选框：选中该复选框后，在位置栏中输入数值，则图形都是以当前位置为基准进行移动的。

❖ 应用到再制按钮：单击该按钮，移动对象后在原位置还保留有原对象。

使用"变换"泊坞窗移动对象的具体操作步骤如下：

（1）使用挑选工具选中要移动的对象，打开"变换"泊坞窗，默认情况下为"位置"选项卡。

（2）在"水平"数值框中输入"100.0"，选中相对位置复选框，然后单击应用到再制按钮，则移动后的图形效果如图 7-9 所示。

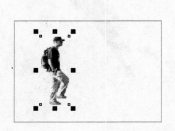

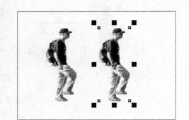

图 7-9 使用"变换"泊坞窗移动对象

若在"变换"泊坞窗的"位置"选项卡中取消选中"相对位置"复选框，则"位置"栏中的数值用于指定图形的坐标位置。

2. 旋转对象

在"变换"泊坞窗上可以通过设置旋转角度、定位点和相对旋转中心等选项对对象进行旋转操作，具体操作步骤如下：

（1）使用挑选工具选择需要进行旋转操作的图形，如图 7-10 所示。在"变换"泊坞窗中单击"旋转"按钮，打开"旋转"选项卡。

（2）在"角度"数值框中输入"30.0"，选中相对中心复选框，其他设置如图 7-11 所示。

（3）连续单击多次 应用到再制 按钮，则制作出的旋转图形效果如图 7-12 所示。

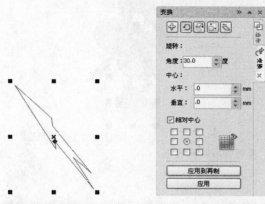
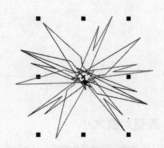

图 7-10 选择旋转图形　　图 7-11 选择"旋转"选项卡　　图 7-12 图形旋转效果

3. 缩放和镜像对象

在"变换"泊坞窗中还可以对图形对象同时进行缩放和镜像操作，具体操作步骤如下：

（1）使用挑选工具选中需要缩放和镜像的图形，在"变换"泊坞窗中单击"缩放和镜像"按钮。

（2）在"缩放"栏的"水平"和"垂直"数值框中分别输入"40.0"、"40.0"，然后选中不按比例复选框，在其下方的方格中选择镜像中心。

（3）单击"水平镜像"按钮，再单击 应用到再制 按钮，其水平缩放镜像效果如图 7-13 所示。

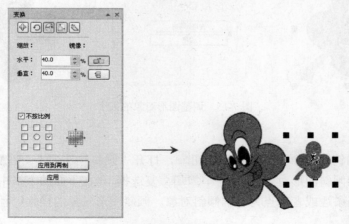

图 7-13 水平缩放镜像效果

（4）选中☑不按比例复选框，在其下方的方格中重新选择镜像中心，然后单击垂直镜像按钮，再单击 应用到再制 按钮，其垂直缩放镜像效果如图 7-14 所示。

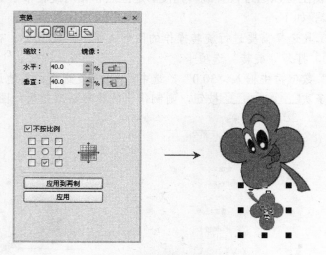

图 7-14　垂直缩放镜像效果

4. 调整对象大小

使用"变换"泊钨窗可以精确地调整对象的大小。首先使用挑选工具选中要缩放的对象，再在打开的"变换"泊钨窗中单击"大小"按钮，具体操作过程如图 7-15 所示。

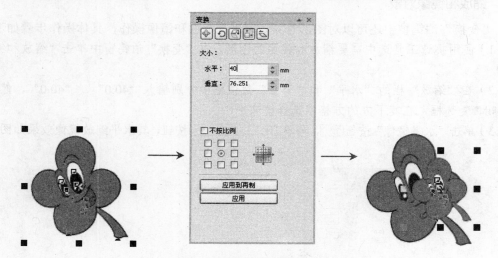

图 7-15　调整图形对象的大小

5. 倾斜对象

在"变换"泊钨窗中单击"倾斜"按钮，打开"倾斜"选项卡。在默认情况下，以图形的中心点为基准倾斜图形对象，若选中☑使用锚点复选框，再在下面的方格中选择相应的锚点，则可以以图形的某条边或者某点为基准倾斜对象。倾斜图形对象的操作过程如图 7-16 所示。

图 7-16　倾斜图形对象的操作过程

7.2　多个对象的组织与管理

在 CorelDRAW X4 中，多个对象的组织和管理包括群组与取消群组对象、结合与拆分对象、排列对象、对齐与分布对象、锁定与解锁对象等，下面将分别进行讲解。

7.2.1　群组与取消群组

1. 群组对象

群组对象是将选择的多个图形对象组合成为一个整体，群组后的对象不会改变图形的原有属性。群组对象是图形绘制过程中常用的操作，可以很方便地对群组对象进行移动或者复制等操作。

在 CorelDRAW X4 中有以下几种群组对象的方法。

◇　使用挑选工具选择需要群组的图形对象，选择"排列"→"群组"命令。

◇　在选中的多个图形对象上右击，在弹出的快捷菜单中选择"群组"命令。

◇　使用挑选工具选择需要群组的图形对象后，单击属性栏中的"群组"按钮或者按 Ctrl+G 键。

群组图形对象的操作过程如图 7-17 所示。

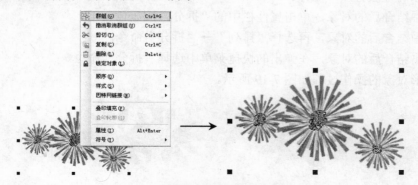

图 7-17　群组图形对象的操作过程

2．取消群组

取消群组是群组对象的逆过程，选中群组对象后，选择"排列"→"群消群组"命令或者单击属性栏中的"取消群组"按钮▣（或按 Ctrl+U 键）均可解散群组对象。

7.2.2　结合与拆分对象

1．结合图形对象

结合图形对象就是将多个图形对象合并为一个对象。一般情况下，结合后的对象属性和最后选择的对象属性保持一致，但如果是用框选方式选择对象，则结合后对象的属性和最先创建的对象属性保持一致。

在 CorelDRAW X4 中有以下几种结合对象的方法。

✧　使用挑选工具选择需要结合的图形对象，单击属性栏中的"结合"按钮▣。

✧　使用挑选工具选择需要结合的图形对象，再选择"排列"→"结合"命令。

✧　在选中的多个对象上单击鼠标右键，在弹出的快捷菜单中选择"结合"命令（或按 Ctrl+L 键）。

结合图形对象的操作过程如图 7-18 所示。

图 7-18　结合图形对象的操作过程

> 结合对象与群组对象的不同在于：结合后的对象成为一个新的整体，不再具有原有对象的属性；而群组后的对象中每个对象依然是独立的，保持了原有的属性。

2．拆分对象

拆分对象后，原有对象的属性将消失，只能恢复成为单个对象。

拆分对象的方法有以下几种。

✧　选中结合后的对象，单击属性栏中的"拆分"按钮▣。

✧　选中结合后的对象，再选择"排列"→"拆分"命令。

✧　右击结合后的对象，在弹出的快捷菜单中选择"拆分"命令。

拆分图形对象的操作过程如图 7-19 所示。

图 7-19　拆分图形对象的操作过程

7.2.3　对齐与分布图形对象

在 CorelDRAW X4 中利用对齐与分布功能可以对图形对象进行快速有序的排列。

1．对齐图形对象

若要对创建好的图形对象进行对齐操作，首先使用挑选工具选中对象，然后选择"排列"→"对齐和分布"命令，在展开的子菜单中选择"对齐和分布"命令，如图 7-20 所示。打开"对齐与分布"对话框，选择"对齐"选项卡，如图 7-21 所示。

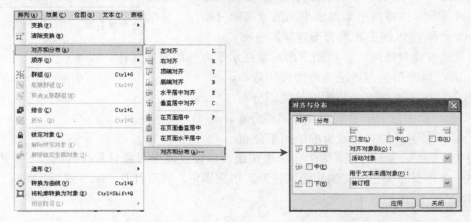

图 7-20　选择"对齐和分布"命令　　　图 7-21　"对齐与分布"对话框

◇　上对齐 ：选中该复选框，可使选择的对象全部顶部对齐，如图 7-22 所示。

◇　水平居中对齐 ：选中该复选框，将全部以选择对象的中心为基准对齐在同一条水平线上，如图 7-23 所示。

◇　下对齐 ：选中该复选框，可使选择的对象全部下部对齐，如图 7-24 所示。

图 7-22　上对齐效果　　　图 7-23　水平居中对齐效果　　　图 7-24　下对齐效果

◇　左对齐 ：选中该复选框，可使选择的对象全部左边对齐，如图 7-25 所示。

◇　垂直居中对齐 ：选中该复选框，将全部以选择对象的中心为基准对齐在同一条垂线上，如图 7-26 所示。

◇　右对齐 ：选中该复选框，可使选择的对象全部右边对齐，如图 7-27 所示。

图 7-25　左对齐效果　　　图 7-26　垂直居中对齐效果　　　图 7-27　右对齐效果

2. 分布图形对象

CorelDRAW X4 提供的"对齐和分布"功能还可将多个图形对象在水平和垂直方向上按不同方式排列图形，在打开的"对齐与分布"对话框中选择"分布"选项卡，如图 7-28 所示，则其各部分的含义介绍如下。

选中左边竖列复选框，可控制图形对象在垂直方向的分布操作。

◇ 上(T)：以图形顶端为准等间距分布。

◇ 中(E)：以图形水平中心为准等间距分布。

◇ 间距(G)：以图形间的水平间隔等间距分布。

◇ 下(B)：以图形底端为准等间距分布。

图 7-28 "分布"选项卡

选中上边横排复选框，可控制图形对象在水平方向的分布操作。

◇ 左(L)：以图形的左边缘为准等间距分布。

◇ 中(C)：以图形垂直中心为准等间距分布。

◇ 间距(P)：以图形间的垂直间隔等间距分布。

◇ 右(R)：以图形的右边缘为准等间距分布。

分别选中●选定的范围(O)和●页面的范围(X)单选按钮可以设置图形对象分布排列的参考范围。

绘制一个与页面大小相同的矩形，并为其填充黑色，然后打开一幅"雪花"图片，将其以中心为基准在页面范围内水平对齐。

7.2.4 为图形对象排序

在 CorelDRAW X4 中，在默认状态下，新创建的图形位于顶层，最先创建的图形位于第一层，如果需要改变某个图形的叠放顺序，需要选择"排列"→"顺序"命令，在弹出的子菜单中选择相应的命令即可，如图 7-29 所示。

图 7-29 "顺序"子菜单

◇ 到页面前面：将当前对象放置于所有对象的最前面。

◇ 到页面后面：将当前对象放置于所有对象的最后面。

◇ 到图层前面：将当前对象置于最顶层。

◆ 到图层后面：将当前对象置于最底层。

◆ 向前一层：将当前对象前移一层。

◆ 向后一层：将当前对象后移一层。

◆ 置于此对象前：将当前对象放置于指定对象的前面。

◆ 置于此对象后：将当前对象放置于指定对象的后面。

◆ 反转顺序：选择多个图形对象后，此命令将被激活，颠倒图形对象的排列顺序。

排列图形对象的叠放顺序的具体操作步骤如下：

（1）单击挑选工具，选中图形中的绿色球，如图7-30所示。

（2）选择"排列"→"顺序"→"向后一层"命令，此时绿色球移动到红色球的后面，效果如图7-31所示。

图7-30　选中绿色球　　　　　　图7-31　排列对象的叠放顺序效果

　　选择需要改变叠放顺序的图形对象，在其上右击，在弹出的快捷菜单中选择"顺序"命令，也将弹出"顺序"子菜单，选择相应的命令也可调整图形的叠放顺序。

7.2.5　锁定与解锁对象

在进行绘图时，为了避免误操作，可以将原有对象锁定，锁定后就不能对其属性如移动、缩放、复制及填充进行编辑；当不需要锁定时，可以通过解除锁定的操作让对象能够重新进行编辑处理。

利用挑选工具选择图形，选择"排列"→"锁定对象"命令将图形锁定，如图7-32所示。锁定后对象四周的控制点变为了锁形形状，此时不能对对象做任何处理。

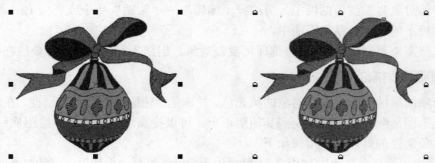

图7-32　选择对象被锁定后效果

如果需要将锁定的对象解锁，则可选择该对象，选择"排列"→"解除锁定对象"命令，可以将选择的锁定对象解除。

> 用户直接在需锁定或者解锁的对象上右击，在弹出的快捷菜单中选择"锁定对象"命令或者选择"解除锁定对象"命令也可将对象锁定或者解除锁定。

7.3　复制和删除图形对象

在绘制和编辑图形对象时，常常要用到复制和删除对象的操作。下面将对图形对象的复制和删除方法进行详细介绍。

7.3.1　复制对象

在 CorelDRAW X4 中可以复制图形对象本身，复制的副本对象与源对象完全相同；也可以只将源对象的填充色、轮廓色等属性复制到其他图形上，下面将分别进行讲解。

1．复制图形对象

复制图形对象的常用方法有以下 3 种。

✧　使用挑选工具选中需要复制的对象，然后将鼠标光标移动到图形上单击并拖动对象到新位置时右击，即可复制出一个图形对象，操作过程如图 7-33 所示。

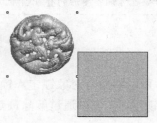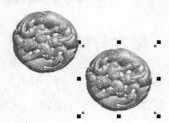

图 7-33　复制图形对象的操作过程

✧　使用挑选工具选中需要复制的对象，然后选择"编辑"→"复制"命令或者按 Ctrl+C 键将对象复制到剪贴板上，再选择"编辑"→"粘贴"命令或者按 Ctrl+V 键，将剪贴板上的对象粘贴到页面中。

✧　选择需要复制的对象，按+键即可复制对象，但副本对象和源对象叠放在一起。

2．复制图形对象的属性

复制对象的属性是指只复制对象的填充色、轮廓笔、轮廓色和文本等属性。在绘制图形的过程中将某个图形颜色等属性复制到其他图形上，可以提高绘图的效率和绘图质量。

复制对象属性的具体操作步骤如下：

（1）单击挑选工具，选中如图 7-34 所示的图形。再选择"编辑"→"复制属性自"命令，打开"复制属性"对话框，如图 7-35 所示。

图7-34　选择对象

图7-35　"复制属性"对话框

（2）在该对话框中选中☑填充(F)复选框，然后单击 确定 按钮，此时鼠标光标变为➡形状，如图7-36所示。

（3）移动光标到源对象上单击，完成对象属性的复制，效果如图7-37所示。

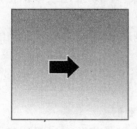

图7-36　单击源对象

图7-37　复制对象的属性

7.3.2　再制对象

再制对象是将图形对象进行等距离的复制操作。再制对象的具体操作步骤如下：

（1）使用挑选工具选中需要再制的图形，如图7-38所示。单击并将其向右移动一段距离后右击，复制一个图形，如图7-39所示。

（2）选择"编辑"→"再制"命令或者按Ctrl+D键，将在等距离的位置复制一个图形。重复再制命令，则可复制出很多等距离的图形，如图7-40所示。

图7-38　选中图形　图7-39　复制一个图形　　　　图7-40　再制的图形效果

7.3.3　删除对象

在CorelDRAW X4中删除图形对象的操作很简单，常用的方法主要有以下3种。

◇　使用挑选工具选择需要删除的对象，然后选择"编辑"→"删除"命令。

◇　使用挑选工具选择需要删除的对象，然后按Delete键即可将图形删除。

◇　选择要删除的对象，在其上右击，在弹出的快捷菜单中选择"删除"命令即可。

7.4 撤销与重做

在绘制和编辑图形对象的过程中，常常会出现对所得到的图形效果不满意或者误操作现象，这时执行"撤销"命令可以恢复操作；撤销操作后，若发现撤销后不如撤销前的效果，还可对已撤销的操作进行恢复操作。

7.4.1 撤销操作

撤销操作在做图的过程中经常使用，通常有以下两种方法可以实现该操作。

◇ 单击工具栏中的"撤销"按钮，可以撤销上一步操作，如果连续单击，则可以撤销多步操作。

◇ 单击"撤销"按钮右侧的按钮，在弹出的下拉列表中可以选择要撤销的操作。

7.4.2 重做操作

重做操作是撤销操作的逆过程，其操作方法和撤销操作类似。

◇ 单击工具栏中的"重做"按钮，可以恢复上一步撤销的操作，如果连续单击，则可以依次恢复多步撤销的操作。

◇ 单击"重做"按钮右侧的按钮，也可以弹出下拉列表，并可在该下拉列表中选择要恢复的操作。

7.5 上机练习——记事本内页版式设计

本实例将制作一个有关产品广告的记事本内页版式设计，效果如图 7-41 所示。画面中表现的广告主题产品为一个很形象的液晶电视，公司标志图形也较为醒目，文字与图形相辅相成地有机组合在一起，色彩对比鲜明，在满足记事本功能的基础上，也很好地达到了公司形象和产品宣传的目的。

图 7-41 记事本内页版式

本实例涉及矩形工具、手绘工具、标准填充工具、渐变填充工具以及文本工具等效果，具体操作步骤如下：

（1）启动 CorelDRAW X4，新建一个图形文件。

（2）单击矩形工具□，绘制一个宽度为 356mm、高度为 263mm 的矩形，将其填充为 10% 的黑色，并去掉其轮廓色，效果如图 7-42 所示。

（3）单击矩形工具□，再绘制一个宽度为 175mm、高度为 116mm 的矩形，如图 7-43 所示。

（4）单击填充工具◇，在弹出的下拉列表中单击"渐变"按钮■，打开"渐变填充"对话框，在"类型"下拉列表框中选择"线性"选项，在"颜色调和"栏中选中◎自定义(C)单选按钮，在下方的颜色框中设置渐变颜色，在"角度"数值框中输入旋转角度"−34.2"，如图 7-44 所示。

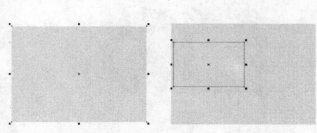
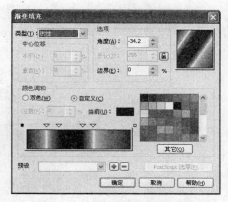

图 7-42　绘制大矩形　　　图 7-43　绘制小矩形　　　图 7-44　"渐变填充"对话框

（5）单击 确定 按钮，矩形的渐变填充效果如图 7-45 所示。

（6）选择渐变填充的矩形，再选择"排列"→"变换"→"比例"命令，打开"变换"泊坞窗，在"缩放"栏的"水平"和"垂直"数值框中分别输入"94.0"，如图 7-46 所示。

（7）单击 应用到再制 按钮，则复制一个已经缩小了的矩形，单击调色板上的"白色"色块，为矩形填充白色，效果如图 7-47 所示。

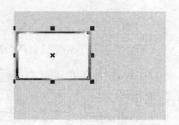

图 7-45　渐变填充效果　　　图 7-46　"变换"泊坞窗　　　图 7-47　复制小矩形效果

（8）选择"文件"→"导入"命令，导入一张图片，调整大小后放置在白色矩形内部，效果如图 7-48 所示。

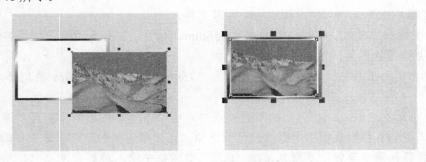

图 7-48 导入一幅电视屏幕图片

（9）选择"文件"→"导入"命令，再导入一张液晶电视图片，调整大小后放置在合适的位置，效果如图 7-49 所示。

图 7-49 导入一幅液晶电视图片

（10）单击矩形工具▢，在页面中绘制如图 7-50 所示的两个矩形图形，并分别填充为靛蓝色，效果如图 7-51 所示。

图 7-50 绘制两个矩形   图 7-51 填充矩形

（11）单击交互式透明工具▽，分别在两个矩形上单击并拖动，则矩形的交互式透明效果如图 7-52 所示。

（12）单击矩形工具▢，在液晶电视下方再绘制一个小矩形，并填充为深蓝色，效果如图 7-53 所示。

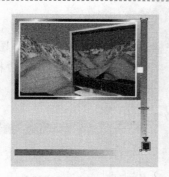

图 7-52　交互式透明效果

图 7-53　矩形效果

（13）单击文本工具 𝕬，在小矩形上方输入大写字母"LCD TV"，字体设置为 Arial，字体大小为 26pt，并调整颜色为白色。

（14）单击文本工具 𝕬，在最下方的矩形右边输入公司网址，字体设置为 Arial，字体大小为 27pt，并调整颜色为黑色，效果如图 7-54 所示。

（15）再利用文本工具在图形上输入一个段落文本，设置字体为 Arial，字体大小为 11pt，效果如图 7-55 所示。

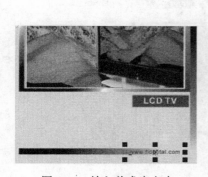

图 7-54　输入美术字文本

图 7-55　输入段落文本

（16）单击矩形工具 ▢，在图形的左侧位置绘制一个宽度为 140mm、高度为 220mm 的矩形，并在属性栏中设置边角圆滑度为 6，效果如图 7-56 所示。

（17）单击手绘工具 ✎，在圆角矩形内上方绘制一条水平线，然后按住 Shift 键拖动直线到合适位置时右击，复制两条相同的水平线，效果如图 7-57 所示。

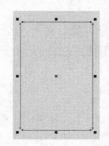

图 7-56　绘制圆角矩形

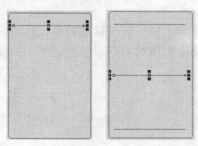

图 7-57　绘制 3 条水平线

（18）设置上侧水平线的粗细为 1.0，并单击文本工具输入文字，创建页眉文本，效果如

图 7-58 所示。

（19）选择中间位置的水平线，按+键 12 次，并框选住所有的水平线，如图 7-59 所示。

（20）单击属性栏中的"对齐和分布"按钮，打开"对齐与分布"对话框，选择"分布"选项卡，选中间距(G)复选框，如图 7-60 所示。

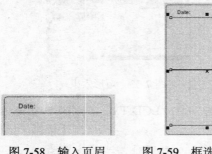
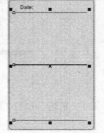
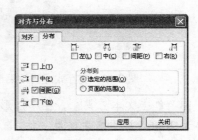

图 7-58　输入页眉　　　图 7-59　框选所有水平线　　　图 7-60　"对齐与分布"对话框

（21）单击应用按钮，则水平线的平均分布效果如图 7-61 所示。

（22）选择"文件"→"导入"命令，导入该液晶电视的品牌标志，效果如图 7-62 所示。

图 7-61　平均分布水平线　　　　　图 7-62　导入标志图形

（23）复制一个该标志图形，将其缩放大小后移动到页面右下角。至此，整个广告记事本内页版式绘制完成，效果如图 7-41 所示。

7.6　本　章　小　结

本章详细介绍了如何通过移动对象、旋转对象、结合与拆分对象、对齐与分布对象、复制与删除对象等操作实现对多个对象的组织。熟练运用这些操作，能够提高图形处理的工作效率。

7.7　习　　题

一、填空题

1. 变换对象的操作可以通过_____和_____来实现。

2. _____是将选择的多个图形对象组合成为一个整体，群组后的对象不会改变图形的原有属性。

3. _____是将图形对象进行等距离的复制操作。

4. _____是将多个图形对象合并为一个对象。

二、选择题

1. 将图形对象进行等距离的复制操作的是_____。

    A．复制图形对象　　　　B．再制对象　　　C．结合图形对象　　　D．移动对象

2. 可以将图形对象沿水平、垂直或对角线方向进行翻转的工具是_____。

    A．旋转对象　　　　　　B．镜像对象　　　C．移动对象　　　　　D．翻转对象

三、问答题

1. 如何旋转对象？

2. 锁定对象的方法是什么？

3. 群组图像的特点是什么？

4. 复制图形对象的方法有哪些？

四、操作题

1. 制作一个记事本，效果如图 7-63 所示。

提示：使用矩形工具、手绘工具等绘制。

2. 制作一个数码相册样本，效果如图 7-64 所示。

提示：制作过程中主要应用了创建透明对象效果，设置线型、线宽，复制对象、设置文本对象等命令。

图 7-63　记事本效果

图 7-64　数码相册效果

第 8 章 编 辑 文 本

本章导读

CorelDRAW X4 中还提供了文本工具，包括创建文本、格式化文本、为文本添加效果和文本路径等。使用文本工具可以为制作的图形附以文字说明，使人们便于理解图形的意义，并使图形内容更加丰富。

本章要点

- ⊙ 创建文本
- ⊙ 格式化文本
- ⊙ 为文本添加效果
- ⊙ 文本与路径

8.1 创 建 文 本

在 CorelDRAW X4 中提供了创建文本工具⊞，利用它可以创建两种文本类型，即美术字文本和段路文本，这两种文本之间还可以互相转换。

8.1.1 创建美术字文本

美术字文本是一种特殊的图形对象，可以很方便地对文本进行颜色填充和设置不透明等特效，适合制作少量的文本对象，常常用于海报、彩页等的标题、广告语以及简短的文字说明等。

使用文本工具在页面中创建美术字文本，并在其属性栏中设置其字体和字号，具体操作步骤如下：

（1）单击工具箱中的文本工具⊞，在属性栏的"字体列表"下拉列表框中选择字体"创艺简行楷"，设置字号为 48pt，如图 8-1 所示。

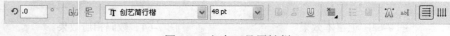

图 8-1 文本工具属性栏

（2）将鼠标光标移到页面中图像的合适位置单击，出现竖直闪烁光标，输入文本内容"温馨祝愿"，如图 8-2 所示。

（3）单击挑选工具，选中文字，再单击调色板中的"绿色"色块，为文字填充绿色。

（4）单击两次文字，当其四周出现旋转控制柄时，拖动文字旋转一定的角度，效果如

图 8-3 所示。

图 8-2　输入美术字文本　　　　　　　　图 8-3　设置文本效果

8.1.2　创建段落文本

段落文本与美术字文本有一定的区别，它一般用于创建大量文本，如报纸、杂志和产品说明等，并具有自动换行的功能。如果需要创建段落文本，必须先绘制一个文本框，然后在文本框中输入大量文字。

使用文本工具在页面中创建段落文本，并在其属性栏中设置其字体和字号，具体操作步骤如下：

（1）单击工具箱中的文本工具，在页面中的图像上单击并按住左键不放拖动出一个矩形文本框，当到达所需位置后释放鼠标，在文本框左上角出现一个闪烁的光标，如图 8-4 所示。

（2）在属性栏的"字体列表"下拉列表框中选择"华文隶书"，设置字号为 24pt，在光标后输入一段文字，如图 8-5 所示。

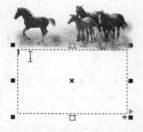

图 8-4　拖绘出一个文本框　　　　　　　图 8-5　输入段落文本

> 在输入段落文本时，当文本数量达到区域宽度后，文本将会自动换行；但在输入美术字文本时，用户必须按 Enter 键换行。

8.1.3　美术字文本与段落文本的转换

在 CorelDRAW X4 中可直接创建美术字文本，也可直接创建段落文本，同时用户还可以根据需要将美术字文本和段落文本进行相互转换。

下面以将段落文本转换为美术字文本为例进行讲解，操作方法为：单击挑选工具，选中图 8-5 所示的段落文本，再选择"文本"→"转换到美术字"命令，则将段落文本转换为美术字文本，如图 8-6 所示。

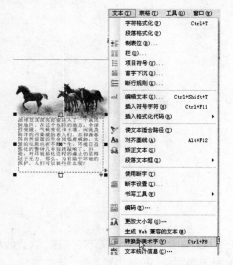

图 8-6　将段落文本转换为美术字文本

选择美术字文本，再选择"文本"→"转换到美术字"命令可将美术字文本转换为段落文本；按 Ctrl+F8 键可在美术字文本和段落文本之间互相转换。

8.2　格式化文本

创建了文本后，用户可对文本的内容进行编辑、对文本的格式进行设置，如字体、字号、对齐方式、首字下沉、项目符号等格式设置。

8.2.1　字符格式化

可以根据需要设置文本格式，包括设置文本的字体、字号、粗细、间距、对齐方式、添加划线以及将文本转换为上标或者下标等，这些都可通过 "字符格式化"泊钨窗来实现。选择"文本"→"字符格式化"命令，打开"字符格式化"泊钨窗，如图8-7所示。

◇　"字体列表"下拉列表框 _O Arial_：可为当前文本选择一种合适的字体。
◇　"字体样式"下拉列表框 普通：单击 按钮，弹出如图8-8所示的下拉列表，在其中可选择相应选项为文本设置粗体、斜体等字体样式。

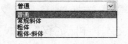

图 8-7　"字符格式化"泊钨窗　　　　图 8-8　选择字体样式

❖ "字号"数值框 24.0 pt：在该数值框中输入一个数字，可以确定文本的大小。

❖ "下划线"按钮：单击该按钮，可为当前文本添加下划线。

使用"字符格式化"泊坞窗可以设置文本的字体、字号和下划线等，具体操作步骤如下：

（1）使用挑选工具选中需要设置的文本对象，如图 8-9 所示。

（2）打开"字符格式化"泊坞窗，在"字体列表"下拉列表框中选择"文鼎弹簧体"选项，设置字号为 60.0pt，并单击"下划线"按钮，如图 8-10 所示。设置后的文字效果如图 8-11 所示。

图 8-9　选择文字

图 8-10　"字符格式化"泊坞窗

（3）单击文本工具属性栏上的"将文本更改为垂直方向"按钮，则文字效果如图 8-12 所示。

图 8-11　设置文字效果

图 8-12　更改文字方向

❖ "水平对齐"按钮：单击该按钮，弹出如图 8-13 所示的对齐方式列表，在其中可选择任一种对齐方式。

图 8-13　选择对齐方式

✓ "无对齐"按钮：单击该按钮，所选文本对象将不应用任何对齐方式。

✓ "左对齐"按钮：如所选对象为美术字文本，单击该按钮，文本对象将会以插入点为准左对齐；如所选对象为段落文本，文本对象将会以文本框左边界为准对齐。

✓ "居中对齐"按钮：如所选对象为美术字文本，单击该按钮，文本对象将会以插入点中心为准对齐；如所选对象为段落文本，文本对象将会以文本框中心点为准对齐。

✓ "右对齐"按钮：如所选对象为美术字文本，单击该按钮，文本对象将会以插入点为准右对齐；如所选对象为段落文本，文本对象将会以文本框右边界为准对齐。

- ✓ "全部对齐"按钮 ▤：如所选对象为美术字文本，单击该按钮，文本对象将会以文本对象最长行的宽度分散对齐；如所选对象为段落文本，文本对象将会以文本框两端边界为准分散对齐文本对象，但不分散对齐末行。
- ✓ "强制调整"按钮 ▤：如所选对象为美术字文本，单击该按钮，文本对象将会以相对插入点两端为准对齐；如所选对象为段落文本，文本对象将会以文本框两端边界为准分散对齐，并且末行文本对象也进行强制分散对齐。

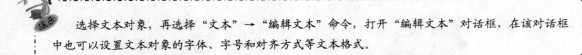

选择文本对象，再选择"文本"→"编辑文本"命令，打开"编辑文本"对话框，在该对话框中也可以设置文本对象的字体、字号和对齐方式等文本格式。

使用"编辑文本"对话框设置文本的对齐方式，具体操作步骤如下：

（1）单击文本工具 ⬚，在页面中的图像上输入美术字文本，如图 8-14 所示。

（2）使用文本工具选中所有的文字，选择"文本"→"编辑文本"命令，打开"编辑文本"对话框，如图 8-15 所示。

图 8-14　输入美术字文本

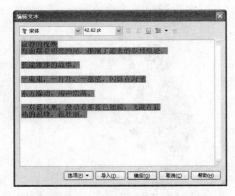

图 8-15　"编辑文本"对话框

（3）单击对话框中的"水平对齐"按钮 ⬚，在弹出的下拉列表中选择"居中对齐"选项 ▤，如图 8-16 所示。设置完成后单击 [确定(O)] 按钮，则对齐效果如图 8-17 所示。

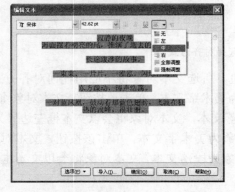

图 8-16　选择"居中对齐"选项

图 8-17　文本的对齐效果

❖ "字符效果"下拉列表框 ：单击 ❤ 按钮，展开如图 8-18 所示的下拉列表。分别单击"下划线"、"删除线"和"上划线"下拉列表按钮，均可展开如图 8-19 所示的列表，在其中可选择下划线、删除线和上划线类型。

图 8-18　展开"字符效果"下拉列表框　　　　图 8-19　选择线型

有时为了重点显示某些文本，可以为其添加上划线、下划线或者删除线。下面使用"字符格式化"泊坞窗为文字添加合适的划线，具体操作步骤如下：

（1）使用文本工具选中需要设置下划线的文本对象，如图 8-20 所示。

（2）打开"字符格式化"泊坞窗，在"下划线"下拉列表框中选择"单粗"选项，如图 8-21 所示。添加的下划线效果如图 8-22 所示。

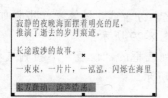

图 8-20　选择文本　　　图 8-21　设置下划线线型　　　图 8-22　添加的下划线效果

（3）利用文本工具选中需要设置删除线的文本，在"删除线"下拉列表框中选择"单细"选项，添加的删除线效果如图 8-23 所示。

（4）利用文本工具选中需要设置上划线的文本，在"上划线"下拉列表框中选择"双细字"选项，则添加的上划线效果如图 8-24 所示。

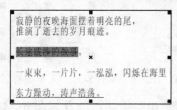
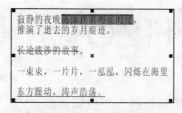

图 8-23　添加的删除线效果　　　　图 8-24　添加的上划线效果

（5）如果对设置的删除线类型不满意，可以在"删除线"下拉列表框中选择"编辑"选项，打开"编辑删除线样式"对话框。

（6）在对话框的"宽度"数值框中输入"30.55%"，在"基线位移"数值框中输入"50%"，如图 8-25 所示。然后单击 确定 按钮，则编辑好的删除线效果如图 8-26 所示。

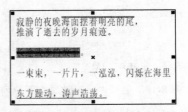

图 8-25 "编辑删除线样式"对话框　　　　图 8-26 编辑好的删除线效果

✓ "大写"下拉列表框：在该下拉列表框中有"小写"和"全部大写"两个选项，如图 8-27 所示，可根据需要选择。

✓ "位置"下拉列表框：在该下拉列表框中有"上标"和"下标"两个选项，如图 8-28 所示，可根据需要选择。

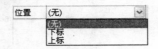

图 8-27 选择字母大小写　　　　图 8-28 设置字符上下标效果

使用"字符格式化"泊钨窗中的"位置"下拉列表框输入化学分子式，具体操作步骤如下：

（1）使用文本工具输入文本"H2O"，选中 2 文本，如图 8-29 所示。

（2）打开"字符格式化"泊钨窗，在"字符效果"下拉列表框的"位置"下拉列表框中选择"下标"选项，如图 8-30 所示。文本显示效果如图 8-31 所示。

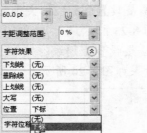

图 8-29 选择文字　　　图 8-30 选择"下标"选项　　　图 8-31 文本下标效果

❖ "字符位移"下拉列表框：单击 ⚏ 按钮，展开如图 8-32 所示的下拉列表，在其中可设置部分文本的移动位置或者旋转角度。

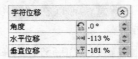

图 8-32 展开"字符位移"下拉列表框

8.2.2　段落文本格式化

选择"文本"→"段落格式化"命令，打开"段落格式化"泊坞窗，在其中可对段落文本进行格式化操作，如图 8-33 所示。

◇　水平对齐：在对齐栏的"水平"下拉列表框中可选择文本的对齐方式，其对齐方式与图 8-13 所示的对齐方式完全相同。

◇　垂直对齐：在对齐栏的"垂直"下拉列表框中提供了"上"、"中"、"下"和"全部"4 种对齐方式可供用户选择，如图 8-34 所示。

◇　"间距"下拉列表框 <img 间距> ：单击 <img> 按钮，在展开的下拉列表中，可根据需要设置段落文本的段落间距和行间距，如图 8-35 所示。

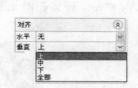

图 8-33　"段落格式化"泊坞窗　　图 8-34　"垂直"对齐方式　　图 8-35　展开"间距"下拉列表框

使用"段落格式化"泊坞窗可以精确调整段落文本的字符间距，具体操作步骤如下：

（1）使用文本工具选中需要设置的文本对象，如图 8-36 所示。

（2）选择"文本"→"段落格式化"命令或者按 Ctrl+T 键，打开"段落格式化"泊坞窗。

（3）在泊坞窗中显示"行"间距和"字"间距均为 100%，在"行"间距中设置为 140%，在"字"间距中设置为 150%，如图 8-37 所示。设置的字体效果如图 8-38 所示。

图 8-36　选中文本对象　　图 8-37　"段落格式化"泊坞窗　　图 8-38　增大字符间距和行距效果

◇　"缩进量"下拉列表框 <img 缩进量> ：单击 <img> 按钮，在展开的下拉列表中可设置段落文本的缩进量，如图 8-39 所示。

◇　"文本方向"下拉列表框 <img 文本方向> ：单击按钮 <img> ，在展开的下拉列表中可根据需要设置文本是横排还是竖排，如图 8-40 所示。

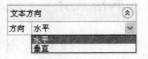

图 8-39　展开"缩进量"下拉列表框　　　图 8-40　展开"文本方向"下拉列表框

8.2.3　实例：使用形状工具调整文本间距

除了可以使用"段落格式化"泊钨窗调整文本间距外，使用形状工具也可以很方便地设置美术字或者段落文本的字符间距和行距，设置后的文字效果看上去更协调、更匀称。

下面使用形状工具对输入的段落文本调整字符间距和行距，并对单个文字进行编辑，具体操作步骤如下：

（1）单击文本工具，在图像上输入如图 8-41 所示的段落文本，再单击形状工具，此时文本对象中的每个文字旁边会显示出节点，效果如图 8-42 所示。

图 8-41　输入文本对象　　　　　　　　图 8-42　出现编辑节点

（2）用鼠标光标拖动文本框右下角的图标，可以改变字符的间距；拖动左下角的图标，可以改变文本的行距，拖动效果如图 8-43 所示。

（3）使用形状工具单击其中一个文字左下角的节点，然后拖动光标可以移动所选文字的位置，效果如图 8-44 所示。

图 8-43　调整字符间距和行距　　　　　图 8-44　调整单个文字的位置

（4）使用形状工具同时选中多个文字的多个节点，然后拖动光标可以同时移动所选文字的位置，效果如图 8-45 所示。

（5）选中一个文字左下角的节点或者多个文字的多个节点，在属性栏中可以设置字体、字号和颜色等，设置后的效果如图8-46所示。

图8-45　移动多个文字的位置

图8-46　编辑文字的格式

8.3　为文本添加效果

在 CorelDRAW X4 中，用户可以根据需要为文本添加一些效果，如添加项目符号、首字下沉、设置文本分栏等。

8.3.1　为文本添加项目符号

在编辑文本对象时，可以对一些并列的段落文本添加项目符号，使文本对象看起来整齐统一。

为文本添加项目符号的具体操作步骤如下：

（1）单击挑选工具，选中需要添加项目符号的段落文本，如图8-47所示。

（2）选择"文本"→"项目符号"命令，打开"项目符号"对话框，选中 ☑使用项目符号(U) 复选框，在"符号"下拉列表框中选择 ◇ 选项，如图8-48所示。

图8-47　选中文本对象

图8-48　选择项目符号

（3）在"大小"数值框中设置为33.2pt，选中 ☑项目符号的列表使用悬挂式缩进(E) 复选框，然后再选中 ☑预览(P) 复选框，其他设置如图8-49所示。

（4）设置完成后单击 确定 按钮，应用项目符号的效果如图8-50所示。

图 8-49　"项目符号"对话框

图 8-50　添加的项目符号效果

8.3.2　设置首字下沉

设置首字下沉一般用于自然段的起始位置，将文本首字放大并与正文排列在一起，使文章达到先声夺人、引人注目的目的。

下面使用文本工具创建一个段落文本，选择"首字下沉"命令，将创建的文本对象设置为首字下沉效果，具体操作步骤如下：

（1）单击文本工具，创建一个段落文本，选中文本对象中的第一个文字，如图 8-51 所示。

（2）选择"文本"→"首字下沉"命令，在打开的"首字下沉"对话框中选中 ☑使用首字下沉(U) 复选框。

（3）在"外观"栏的"下沉行数"数值框中输入数值，用于设置文字下沉的行数，这里设置为 2，如图 8-52 所示。

图 8-51　输入段落文本

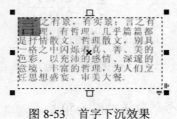

图 8-52　"首字下沉"对话框

（4）设置完成后单击 确定 按钮，应用下沉效果，如图 8-53 所示。

（5）若选中 ☑首字下沉使用悬挂式缩进(E) 复选框，单击 确定 按钮，则悬挂式缩进首字下沉效果如图 8-54 所示。

图 8-53　首字下沉效果

图 8-54　悬挂式缩进首字下沉效果

8.3.3　设置文本分栏

在段落文本中可以设置等宽和不等宽文本分栏，用户可以根据需要设置分栏数目，也可以设置分栏间距。许多报刊、杂志等读物大量使用文本分栏进行文本对象的编排。

对创建的段落文本设置文本分栏的操作步骤如下：

（1）单击文本工具，创建一个段落文本，并选中所要操作的文本对象，如图8-55所示。

（2）选择"文本"→"栏"命令，打开"栏设置"对话框，在"栏数"数值框中输入"3"，并选中☑栏宽相等(E)复选框，创建等宽分栏，设置完成后单击 确定 按钮，如图8-56所示。创建等宽分栏后的文本效果如图8-57所示。

图8-55　创建段落文本

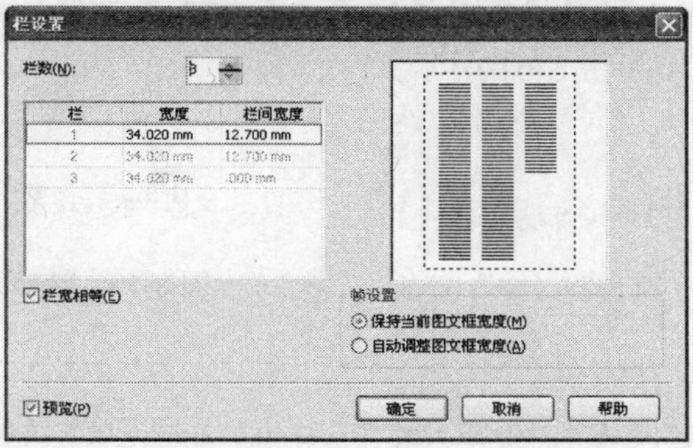

图8-56　"栏设置"对话框

（3）将鼠标光标移到文本对象中间的分栏线上，光标将变为双向箭头形状↔，按住左键拖动可以改变栏间距，在文本框的左右边框上拖动光标也可以调整栏宽和栏间距，调整的效果如图8-58所示。

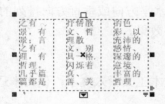

图8-57　等宽分栏效果

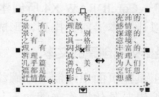

图8-58　调整栏宽和栏间距

> 若在打开的"栏设置"对话框中取消选中☐栏宽相等(E)复选框，则在"宽度/栏间宽度"栏的文本框中可以精确地设置各栏的宽度和栏间宽度。

8.4　文本与路径

利用CorelDRAW X4的文本处理功能，还可以对文本进行一些特殊的编辑，主要包括将文本转化为曲线、使文本适合路径、设置内置文本、创建文本绕图效果等，下面将进行详细介绍。

8.4.1　将文本转化为曲线

将美术字文本和段落文本转换为曲线后，就不再具有文本属性了，不能再对其字体和字号进行修改了，但可以对其进行曲线编辑，制作出各种美观的文本效果。

将文本转换为曲线的具体操作步骤如下：

（1）使用文本工具在页面中单击，然后输入文本，在属性栏中设置字体为 Arial，字号为 72pt，字体颜色为绿色，效果如图 8-59 所示。

（2）使用挑选工具选中该美术字文本，选择"排列"→"转化为曲线"命令或按 Ctrl+Q 键，将文本转化为曲线，再使用形状工具选中该文本，效果如图 8-60 所示。

（3）使用形状工具选中文本上的节点，然后拖动其节点到合适的位置，释放鼠标，则编辑后的效果如图 8-61 所示。

Beautiful　　　　　　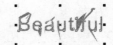

图 8-59　输入文本　　　　　　图 8-60　转换为曲线效果　　　图 8-61　编辑曲线后效果

> 制作完成一个设计作品，在出胶片前一般需要将文本转换为曲线，可以避免在其他电脑上不能正常显示字体。

8.4.2　使文本适合路径

默认情况下，CorelDRAW X4 所创建的文本是以水平方向或垂直方向排列的，应用文本适合路径功能可以让文本沿路径排列，形成特殊的文字效果。

1. 沿路径排列已创建的文本

使用螺纹工具在页面中绘制一个螺纹，再使用文本工具输入文本，使文本适合螺纹路径，并对文本进行编辑，具体操作步骤如下：

（1）单击螺纹工具 ，在页面中绘制一个螺纹，再使用文本工具输入一段美术字文本，效果如图 8-62 所示。

（2）单击挑选工具，选中文本，再选择"文本"→"使文本适合路径"命令，此时鼠标光标变为 形状，将光标移到螺纹图形上单击，即可将文字置于螺纹上，效果如图 8-63 所示。

　　　　　　　　　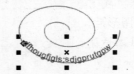

图 8-62　螺纹路径和美术字文本　　　　　图 8-63　文本适合路径效果

2. 沿路径排列文本属性栏

将文本沿路径排列后，还可以对该路径文本的属性进行设置，使用挑选工具同时选中文本和路径，其属性栏如图 8-64 所示，在该属性栏中设置相关参数即可。

图 8-64　含有路径的文本属性栏

◇　"文字方向"下拉列表框 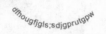：在其中可以设置文字的排列方向。

◇　"与路径距离"数值框 ⟨.0 mm⟩：设置文本与路径的距离。

◇　"水平偏移"数值框 ⟨216.163 mm⟩：设置文本水平偏移距离。

◇　"水平镜像"按钮：单击该按钮，可将文本水平镜像。

◇　"垂直镜像"按钮：单击该按钮，可将文本垂直镜像。

3. 拆分沿路径排列的文本

当文本沿路径排列后，文本和路径将自动结合在一起；当对路径进行更改时，其文本的排列方向也会随着变化。用户也可以将路径和文本拆分开来，使路径和文本成为两个独立的对象，具体操作步骤如下：

（1）选中图 8-63 所示的文本和路径，然后选择"排列"→"拆分在一路径上的文本"命令，将文本和路径分离，再选择螺纹路径，并将其删除，效果如图 8-65 所示。

（2）选中字体，在属性栏中设置文本的字体和字号，并将其填充为红色，效果如图 8-66 所示。

<table>
<tr><td></td><td></td></tr>
<tr><td> 图 8-65　删除螺纹路径 </td><td> 图 8-66　设置文本属性效果 </td></tr>
</table>

> 使文本适合路径的方法有两种：可以先创建文本，然后再让文本适合路径；也可以先确定路径，再在该路径上输入文本。

8.4.3　设置内置文本

内置文本是指将文本填入封闭的路径中，可以填入美术字文本，也可以填入段落文本，填入的文本会随封闭路径的外形变化自动调整位置。

设置内置文本的具体操作步骤如下：

（1）单击文本工具，将鼠标光标移到如图 8-67 所示的图片边缘单击，确定插入的起点，然后输入文字，效果如图 8-68 所示。

（2）文本置入图形后，选择"文本"→"段落文本框"→"按文本框显示文本"命令，可以使文本和图形基本适配，效果如图 8-69 所示。

<table>
<tr><td></td><td></td><td></td></tr>
<tr><td> 图 8-67　确定插入点 </td><td> 图 8-68　输入文本 </td><td> 图 8-69　按文本框显示文本 </td></tr>
</table>

8.4.4 创建文本绕图效果

文本绕图是指图文混排时文字围绕图形排列，而不会遮盖图片或者被图片遮盖，这种图文混排的编辑方式被广泛应用于报纸、杂志等版面的设计中。

创建文本绕图效果的具体操作步骤如下：

（1）打开如图 8-70 所示的"文本.jpg"图像，使用挑选工具选择被文字遮盖的人物图片。

（2）选择"窗口"→"泊坞窗"→"属性"命令，打开"对象属性"泊坞窗，在该泊坞窗中选择"常规"选项卡。

（3）在该选项卡的"段落文本换行"下拉列表框中选择"轮廓图-跨式文本"选项，其他设置如图 8-71 所示。

（4）设置完成后单击"应用"按钮，这样就实现了文本绕图效果，如图 8-72 所示。

 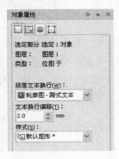 

图 8-70　打开"文本.jpg"图像　　图 8-71　　"对象属性"泊坞窗　　　图 8-72　　文本绕图效果

8.5　上机练习——招贴设计

本例绘制的是一幅液晶电视的招贴，其效果如图 8-73 所示。该招贴设计的技术要领在于招贴中各部分内容的排列、颜色的设置以及文字的样式设置。通过本例的练习，用户可以熟练掌握矩形工具、艺术笔工具、填充工具、交互式透明工具和文本工具的操作方法和技巧。

图 8-73　招贴设计效果图

"招贴设计"的具体制作步骤如下：

（1）启动 CorelDRAW X4，单击"新建空文件"超链接，新建一个空白文件。

（2）单击矩形工具◻，绘制一个宽度为 268mm、高度为 290mm 的矩形，如图 8-74 所示。

（3）单击填充工具◈，在展开的工具组中单击"渐变"按钮▨，打开"渐变填充"对话框，选择"线性"渐变类型，其他参数设置如图 8-75 所示。

（4）单击 确定 按钮，则矩形的填充效果如图 8-76 所示。

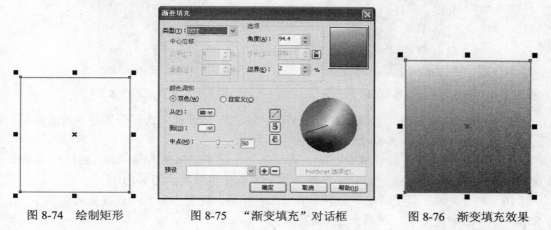

图 8-74　绘制矩形　　　　　图 8-75　"渐变填充"对话框　　　　图 8-76　渐变填充效果

（5）选择"文件"→"导入"命令，打开"导入"对话框，找到需要导入的文件后，单击 导入 按钮，此时光标变为↾形状，在矩形中单击鼠标即可导入一个图形文件，如图 8-77 所示。

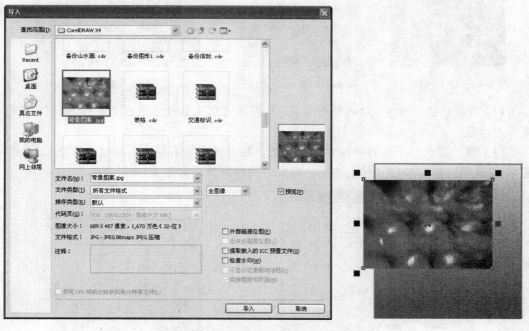

图 8-77　导入一个图形文件

（6）拖动导入图片四周的控制点，将其缩放到合适大小，然后将其移动到矩形上方，效果如图 8-78 所示。

（7）单击交互式透明工具 ，在图片上单击并拖动光标，拖动到合适位置时释放鼠标，则图片的交互式透明效果如图 8-79 所示。

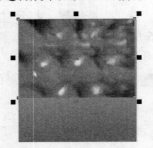

图 8-78　移动图片的位置　　　　　　　图 8-79　交互式透明效果

（8）选择"文件"→"导入"命令，打开"导入"对话框，找到需要导入的文件后，单击 导入 按钮，导入如图 8-80 所示的液晶电视图片。

（9）单击文本工具 ，在背景上输入大写英文，设置字体为 Arial Rounded MT Bold，字号为 60pt，在调色板上单击"白色"色块，则输入的文字效果如图 8-81 所示。

（10）单击文本工具 ，在英文下方输入广告标语，设置字体为"汉仪菱心体简"，字号为 85pt，字体颜色为红色，效果如图 8-82 所示。

图 8-80　导入一张图片　　　图 8-81　输入英文标题　　　图 8-82　输入广告语

（11）选择广告语文字，单击轮廓工具 ，在展开的工具组中单击"画笔"按钮，打开"轮廓笔"对话框。

（12）在"颜色"下拉列表框中选择黄色，在"宽度"下拉列表框中选择 2.5mm 选项，如图 8-83 所示。然后单击 确定 按钮，则文字的轮廓效果如图 8-84 所示。

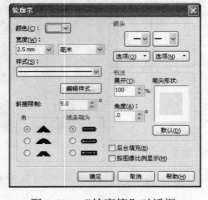

图 8-83　"轮廓笔"对话框　　　　　　图 8-84　文字的轮廓效果

（13）选择"效果"→"添加透视点"命令，在广告语四周出现网状线，调整各个节点，则文字的透视效果如图 8-85 所示。

（14）单击手绘工具，在展开的工具组中单击艺术笔工具，在属性栏中单击"笔刷"按钮，在"笔触列表"下拉列表框中选择合适的笔触选项，设置笔刷宽度后，在页面中绘制如图 8-86 所示的笔触效果，并设置图形的颜色为白色。

图 8-85　文字的透视效果

图 8-86　艺术笔触效果

（15）单击矩形工具，在页面上绘制一个矩形，单击调色板上的"50%黑"色块，为其填充灰色，然后再右击无色色标，去掉矩形的轮廓色，效果如图 8-87 所示。

（16）单击交互式透明工具，在矩形上单击并拖动光标，拖动到合适位置时释放鼠标，则矩形的交互式透明效果如图 8-88 所示。

图 8-87　绘制的矩形效果

图 8-88　矩形的交互式透明效果

（17）单击文本工具，在矩形上输入英文，设置字体为 Arial Rounded MT Bold，字号为 25pt，如图 8-89 所示。

（18）单击文本工具，在矩形下方拖动出一个文本框，输入如图 8-90 所示的段落文本。

图 8-89　输入美术字文本

图 8-90　输入段落文本

（19）单击挑选工具，选中段落文本，选择"文本"→"项目符号"命令，打开"项目符号"对话框。

（20）选中 ☑使用项目符号(U) 复选框，在"符号"下拉列表框中选择 ♦ 选项；再选中 ☑项目符号的列表使用悬挂式缩进(E) 复选框；在"间距"栏的"文本图文框到项目符号"数值框中输入"3.5mm"，在"到文本的项目符号"数值框中输入"4.3mm"，如图 8-91 所示。

（21）设置完成后单击 确定 按钮，应用项目符号效果，如图 8-92 所示。

图 8-91 "项目符号"对话框

图 8-92 项目符号效果

（22）调整段落文本的位置，然后按 Ctrl+S 键将整个图片保存。至此，整个液晶电视招贴设计制作完成，效果如图 8-73 所示。

8.6 本章小结

本章主要介绍了创建文本、格式化文本、为文本添加效果、文本与路径等内容。通过本章的学习，读者应该掌握以下几方面内容。

（1）创建美术字文本和段落文本，并且能够把两种文本互相转换。

（2）对文本的内容进行编辑，对文本的格式进行设置，如字体、字号、对齐方式、首字下沉、项目符号等。

（3）为文本添加效果，如添加项目符号、首字下沉、设置文本分栏等。

（4）除了可以编辑文本外，还可以对文本进行一些特殊处理，主要包括将文本转化为曲线、使文本适合路径、设置内置文本、创建文本绕图效果等。

8.7 习 题

一、填空题

1. 利用文本工具可以创建 _____ 和 _____ 两种文本类型，这两种文本之间还可以互相转换。

2. 使用 _____ 泊坞窗可以精确地调整段落文本的字符间距。

3．应用＿＿＿＿＿＿功能可以让文本沿路径排列，形成特殊的文字效果。

4．选择＿＿＿＿＿＿＿＿命令，打开"段落格式化"泊坞窗，在其中可对段落文本进行格式化操作。

二、问答题

1．文本有哪几种类型？各有什么区别？

2．简述文本分栏的步骤。

3．美术字文本和段落文本转换为曲线后分别有什么特点？

4．将段落文本转换为美术字文本的方法是什么？

三、操作题

1．制作一则体育竞技比赛的POP广告，效果如图8-93所示。

提示：制作黄色直线时，使用矩形工具，填充黄色，然后复制图形。

2．制作一则餐厅的招贴广告，效果如图8-94所示。

图8-93　POP广告

图8-94　招贴广告

提示：

（1）首先导入一张背景图片，利用文本工具输入竖排的美术字文本。

（2）正文部分的文字输入比较多，使用段落文本，输入完成后，选中部分文本，对其字体类型、大小和颜色进行调整，最后选择"居中对齐"命令。

（3）选择"排列"→"拆分美术字"命令，对广告词文本进行单个旋转、填充颜色等操作。

第9章 矢量图特殊效果

本章导读

CorelDRAW X4 提供了矢量图的调和效果、轮廓图效果、变形效果、交互式阴影效果等 9 种特殊效果。这些特殊效果使得图形制作过程更简单、快捷，处理过的矢量图也更生动、真实。用户一定要熟练掌握这些效果，为以后高效、高质的设计工作打下良好基础。

本章要点

- ⊙ 调和效果
- ⊙ 轮廓图效果
- ⊙ 变形效果
- ⊙ 交互式阴影效果
- ⊙ 交互式透明效果
- ⊙ 交互式立体化效果
- ⊙ 透视效果
- ⊙ 透镜效果

9.1　调　和　效　果

交互式调和效果又称为渐变或者混合效果，是在起始图形对象和结束图形对象之间生成一系列过渡对象的平滑渐变效果。对图形对象的形状、颜色和轮廓等均可进行调和，但是只能对由 CorelDRAW 生成的矢量图创建调和效果。

9.1.1　创建直线调和效果

创建直线调和效果的方法非常简单，使用调和工具在一个图形上按住鼠标左键不放将其拖动到另一个图形上即可。

下面绘制一个心形和一个圆，并分别填充颜色，再使用交互式调和工具对它们进行直线调和。具体操作步骤如下：

（1）利用基本形状工具绘制一个心形，并填充为红色；利用椭圆形工具绘制一个圆，并填充为黄色，效果如图 9-1 所示。

（2）单击交互式调和工具🖼，再单击起始对象心形，按住鼠标左键不放将光标拖动到结束对象圆，拖动过程中将会出现如图 9-2 所示的虚线调和线。

图 9-1　绘制图形

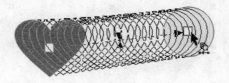

图 9-2　虚线调和线

（3）释放鼠标，调和效果如图 9-3 所示。选中心形和圆，右击调色板上的"无色"按钮⊠，去掉调和图形的轮廓，如图 9-4 所示。

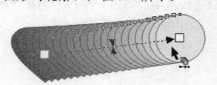

图 9-3　调和效果

图 9-4　去掉调和图形的轮廓

9.1.2　修改调和效果

对于已经创建好的调和效果，可以根据需要利用其属性栏对其进行修改，包括设置调和方向、选择调和方式、修改调和步数、调和对象的旋转、调和对象的大小、调和颜色的路径和调和图形的偏向等。

单击交互式调和工具🖲，选择如图 9-3 所示的调和图形，其属性栏如图 9-5 所示。

图 9-5　交互式调和工具属性栏

◇　"预设"下拉列表框 ：单击该下拉列表框右侧的 按钮，在展开的下拉列
表中提供了很多预置的调和方式，如选择 Straight 10 step accel（直接 10 步长加速）
选项，如图 9-6 所示，则修改的调和效果如图 9-7 所示。

图 9-6　选择预设调和效果

图 9-7　修改后的调和效果

◇　"添加预设"按钮⊞：单击该按钮，可将当前的调和效果添加到预设列表中。
◇　"删除预设"按钮 ：单击该按钮，可将预设效果从列表中删除。
◇　"步长或调和形状之间的偏移量"数值框 ：在该数值框中输入数值，用于调
整两个调和对象之间的调和数量和步长值。选择图 9-3 所示的调和图形，在该数值框
中输入"6"，则图形的调和效果如图 9-8 所示。
◇　"调和方向"数值框 ：在该数值框中输入数值，用于调整两个调和对象之间
调和图形的旋转角度，如在该数值框中输入"160.0"，则调和图形的旋转效果如
图 9-9 所示。

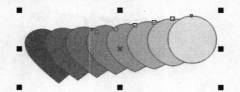

图 9-8 设置调和步数

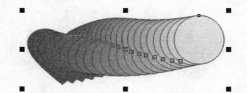

图 9-9 设置调和图形的旋转角度

- ◆ "环绕调和"按钮 ：当"调和方向"数值框中的值不为 0 时，该按钮处于激活状态，单击该按钮，用于设置是否围绕过渡对象连线的中心点进行操作，当在"调和方向"数值框中输入"160.0"时，单击该按钮，效果如图 9-10 所示。

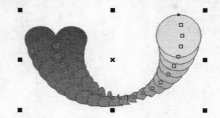

图 9-10 环绕调和图形效果

- ◆ "直线调和"按钮 ：单击该按钮，则按照颜色谱调和过渡对象的颜色，是调和图形时的默认选项。
- ◆ "顺时针调和"、"逆时针调和"按钮 ：分别按照顺时针、逆时针色谱位置调和过渡对象的颜色，如图 9-11 和图 9-12 所示。

图 9-11 顺时针调和效果

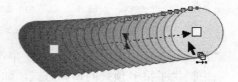

图 9-12 逆时针调和效果

- ◆ "对象和颜色的加速"按钮 ：选中图 9-3 所示的调和图形，单击该按钮，弹出"加速"面板，单击 按钮，并分别拖动"对象"和"颜色"滑条上的滑块，如图 9-13 所示，则图形的调和效果将改变为如图 9-14 所示。

图 9-13 "加速"面板

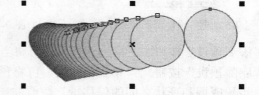

图 9-14 调整后的图形调和效果

- ◆ "杂项调和选项"按钮 ：选中如图 9-3 所示的调和对象，单击该按钮，在弹出的面板中单击"拆分"按钮 ，如图 9-15 所示；此时鼠标光标变为 形状，如图 9-16 所示；单击要拆分的调和对象，如图 9-17 所示；拆分后拖动拆分对象，拖动效果如图 9-18 所示。

图 9-15　杂项调和面板　　　　　　　图 9-16　鼠标光标移动到调和图形上

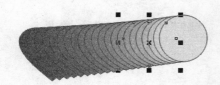

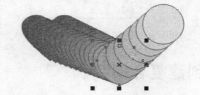

图 9-17　拆分调和图形　　　　　　　图 9-18　拖动拆分后的调和图形

9.1.3　沿手绘线调和

沿手绘线调和就是将图形沿着鼠标拖动时绘制的手绘线进行调和，具体操作步骤如下：

（1）利用椭圆形工具和星形工具绘制正圆和星形，并填充合适的颜色，如图 9-19 所示。

（2）单击交互式调和工具，按住 Alt 键，在起始对象（正圆图形）上单击并按住鼠标左键向终点对象（星形）上拖动，此时沿光标拖动路线将出现一条手绘线，如图 9-20 所示。

（3）释放鼠标和 Alt 键，得到沿手绘线调和的效果，如图 9-21 所示。

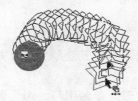

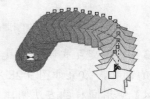

图 9-19　绘制图形　　　图 9-20　调和手绘线　　　图 9-21　手绘线调和效果

9.1.4　沿路径调和

沿路径调和的作用是使当前调和对象沿指定的曲线路径调和图形，调和的路径可以是非封闭的，也可以是封闭的，路径可以是图形、线条或文本。

沿路径调和的具体操作步骤如下：

（1）使用椭圆形工具绘制一个未封闭的曲线作为供调和的路径，如图 9-22 所示；再使用交互式调和工具选中如图 9-23 所示的调和对象。

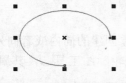

图 9-22　绘制的调和路径　　　　　图 9-23　选中调和对象

（2）单击属性栏中的"路径属性"按钮，在弹出的下拉菜单中选择"新路径"命令，如图 9-24 所示。

（3）此时鼠标光标变为形状，把其移到曲线上单击，调和效果如图 9-25 所示。

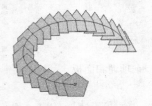

图 9-24　"路径属性"下拉菜单　　　　图 9-25　图形适应路径的效果

9.1.5　创建复合调和

复合调和是指在两个以上的图形对象之间创建的调和。创建复合调和的具体操作步骤如下：

（1）绘制需要创建复合调和的图形对象，如图 9-26 所示。

（2）单击交互式调和工具，在需要调和的起始对象上单击并拖动到另一图形对象（三角形）上，释放鼠标即可创建两个图形间的调和，如图 9-27 所示。

图 9-26　绘制调和图形　　　　　　　图 9-27　创建第一个调和效果

（3）使用交互式调和工具在最下面的五边形上单击并拖动到三角形上，创建三角形和五边形间的调和，效果如图 9-28 所示。

（4）使用同样的方法创建五边形与起始图形之间的调和，效果如图 9-29 所示。

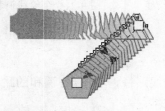
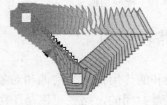

图 9-28　复合调和效果（一）　　　　图 9-29　复合调和效果（二）

9.2　轮廓图效果

交互式轮廓图效果是指对形状、曲线或者美术字等对象创建的向内或者向外发射的同心轮廓线效果。选择需要进行轮廓图操作的图形，单击交互式轮廓图工具，其属性栏如图 9-30 所示。

图 9-30　交互式轮廓图属性栏

◇　"预设"下拉列表框 预设... ：在该下拉列表框中可选择 CorelDRAW X4 预设的轮
廓图效果。

◇　"添加预设"按钮 ：单击该按钮，可将当前的轮廓图效果添加到"预设"下拉列
表框中。

◇　"删除预设"按钮 ：单击该按钮，可将预设效果从列表中删除。

◇　"到中心"按钮 ：单击该按钮，可以在对象内部创建向对象中心扩散的轮廓线。

◇　"向内"按钮 ：单击该按钮，可以在对象内部创建指定数量的轮廓线。

◇　"向外"按钮 ：单击该按钮，可以在对象外部创建指定数量的轮廓线。

◇　"轮廓图步长"数值框 1 ：在该数值框中输入数值，用于设置需要创建的轮廓
线数量。

◇　"轮廓图偏移"数值框 2.0 mm ：在该数值框中输入数值，用于设置各轮廓线之间的
间隔。

◇　"线性轮廓图颜色"按钮 ：单击该按钮，则按照颜色谱过渡对象轮廓的颜色，是
设置轮廓效果时的默认选项。

◇　"顺时针轮廓图颜色"按钮 、"逆时针轮廓图颜色"按钮 ：分别按照顺时针、
逆时针色谱位置过渡对象轮廓的颜色。

◇　"轮廓色"下拉列表框 ：在该下拉列表框中可以选择轮廓图线条的颜色，如
图 9-31 所示。

◇　"填充色"下拉列表框 ：在该下拉列表框中可以选择轮廓图的颜色。

◇　"对象和颜色加速"按钮 ：单击该按钮，弹出如图 9-32 所示的"加速"面板，单
击 按钮，分别拖动"对象"和"颜色"滑条上的滑块以调整图形的形状加速和颜色
加速。

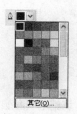

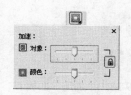

图 9-31　展开"轮廓色"下拉列表框　　图 9-32　"加速"面板

下面利用星形工具绘制一个五角星图形，然后使用交互式轮廓图工具为其添加轮廓图效
果，并在属性栏中进行修改，具体操作步骤如下：

（1）单击星形工具 ，绘制一个五角星图形，并填充为黄色，效果如图 9-33 所示。

图 9-33　五角星图形

（2）单击交互式轮廓图工具 ，把鼠标光标移到五角星图形上单击并拖动，如图 9-34 所示；释放鼠标，则创建的轮廓图效果如图 9-35 所示。

图 9-34　在星形上拖动鼠标　　　　　图 9-35　创建的轮廓图效果

（3）选中该轮廓图对象，在其属性栏的"轮廓图步长"数值框 中输入"5"，设置轮廓图的步数。

（4）在"轮廓图偏移"数值框 中输入"4.0mm"，轮廓图效果如图 9-36 所示。

（5）在"轮廓色"下拉列表框 和"填充色"下拉列表框 中分别选择红色和黄色，效果如图 9-37 所示。

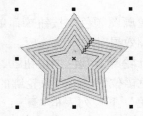

图 9-36　设置轮廓图步长和轮廓图偏移量　　　图 9-37　设置轮廓色和填充色

（6）单击"对象和颜色加速"按钮 ，在打开的面板中拖动"对象"和"颜色"滑块，如图 9-38 所示；加速轮廓线对象的放射效果，如图 9-39 所示。

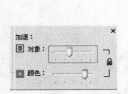
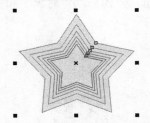

图 9-38　"加速"面板　　　　　图 9-39　调整形状和颜色加速

（7）在属性栏中分别单击"顺时针轮廓图颜色"按钮 和"逆时针轮廓图颜色"按钮 ，其轮廓图效果如图 9-40 和图 9-41 所示。

图 9-40　顺时针颜色效果　　　　　图 9-41　逆时针颜色效果

9.3 变形效果

在工具箱中选择交互式变形工具 可以对图形或者文本对象创建多样化的变形效果，主要分为推拉变形、拉链变形和扭曲变形 3 种。

单击交互式变形工具 ，其属性栏如图 9-42 所示，在"预设"下拉列表框中可以选择用户所需的变形样式。

图 9-42　交互式变形工具属性栏

9.3.1　推拉变形效果

单击交互式变形工具 ，在属性栏中默认的就是推拉变形选项。推拉变形即通过拖动对象的节点而产生的变形效果。

选择如图 9-43 所示的图形，单击交互式变形工具 ，将鼠标光标移到图形的中心，向左水平拖动，节点向中心靠拢，得到"拉"操作的变形效果，如图 9-44 所示；若将鼠标光标移到图形的中心后向右水平拖动，则得到"推"的操作变形效果，如图 9-45 所示。

  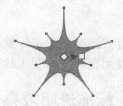

图 9-43　选择变形对象　　图 9-44　"拉"变形效果　　图 9-45　"推"变形效果

9.3.2　拉链变形效果

拉链变形就是将图形创建出类似齿轮状的外形轮廓。

单击交互式变形工具 ，选中如图 9-46 所示的图形，单击属性栏中的"拉链变形"按钮 ，将鼠标光标移到五角星上单击并拖动，得到如图 9-47 所示的拉链变形效果，然后在属性栏的"拉链失真振幅"数值框中输入"60"，在"拉链失真频率"数值框中输入"11"，效果如图 9-48 所示。

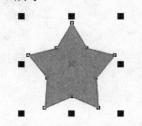 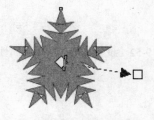 

图 9-46　选择拉链变形图形　　图 9-47　拉链变形效果　　图 9-48　设置后的效果

9.3.3 扭曲变形效果

扭曲变形是指将对象围绕一点旋转产生的扭曲变形效果。

单击交互式变形工具，选中如图 9-49 所示的图形，单击属性栏中的"扭曲变形"按钮，按住鼠标不放并拖动图形沿逆时针旋转，其效果如图 9-50 所示。

图 9-49　选中扭曲变形图形

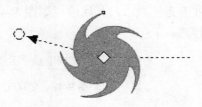

图 9-50　扭曲变形效果

> 选中对象，再选择"效果"→"清除变形"命令，或者单击属性栏中的"清除变形"按钮，即可清除图形的扭曲变形效果。

9.4　透　明　效　果

交互式透明效果实际就是在当前的填充图形上应用了灰阶遮罩，使图形被遮罩的部分为透明状。使用交互式透明工具可以制作出标准、渐变、图样和底纹等方式的透明效果。

9.4.1 标准透明效果

标准透明是指使图形对象整体均匀透明。

创建标准透明效果的操作方法为：选择一个图形，如图 9-51 所示。单击交互式透明工具，在其属性栏的"透明度类型"下拉列表框中选择"标准"选项，在"开始透明度"数值框中输入"70"；在"透明度目标"下拉列表框 中选择"全部"选项，如图 9-52 所示。得到的标准透明效果如图 9-53 所示。

图 9-51　选择图形

图 9-52　设置标准透明效果属性栏

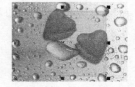

图 9-53　标准透明效果

9.4.2 渐变透明效果

渐变透明效果是由一种颜色向透明渐变，渐变透明效果包括线性透明、射线透明、圆锥透明和方角透明 4 种类型。

1. 线性渐变透明

选择图 9-51 所示的图形，单击交互式透明工具 🔽，在属性栏的"透明度类型"下拉列表框 标准 中选择"线性"选项，用鼠标光标在图形上单击并拖动，然后再分别拖动黑色小方块 ■、白色小方块 □ 和中间控制柄调整线性透明的颜色渐变，其效果如图 9-54 所示。

2. 射线渐变透明

和创建线性渐变透明效果类似，在属性栏的"透明度类型"下拉列表框 标准 中选择"射线"选项，创建的射线渐变透明效果如图 9-55 所示。

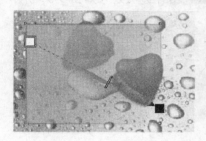

图 9-54　"线性"透明效果　　　　　图 9-55　"射线"透明效果

3. 圆锥渐变透明

和创建线性渐变透明效果类似，在属性栏的"透明度类型"下拉列表框 标准 中选择"圆锥"选项，则创建的圆锥渐变透明效果如图 9-56 所示。

4. 方角渐变透明

和创建线性渐变透明效果类似，在属性栏的"透明度类型"下拉列表框 标准 中选择"方角"选项，创建的方角渐变透明效果如图 9-57 所示。

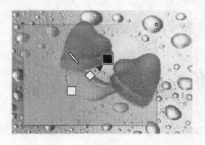

图 9-56　"圆锥"透明效果　　　　　图 9-57　"方角"透明效果

9.4.3　图样透明效果

图样透明包括双色图样、全色图样和位图图样 3 种类型，其创建操作基本类似。

创建图样透明效果的具体操作步骤如下：

（1）使用矩形工具绘制一个矩形，单击交互式透明工具 🔽，在属性栏的"透明度类型"下拉列表框 标准 中选择"双色图样"选项。

（2）单击"第一种透明度挑选器"按钮 🔳，在打开的图样列表中选择一种图样；在"开始透明度"和"结束透明度"文本框中分别输入"10"和"80",如图 9-58 所示。

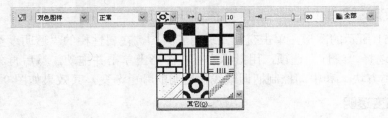

图 9-58　设置图样透明效果属性栏

（3）设置完成后，单击页面的空白部分，则双色图样透明效果如图 9-59 所示。

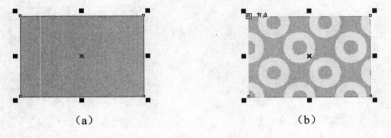

（a）　　　　　　　　　　　　　（b）

图 9-59　创建双色图样透明效果

（4）参考创建"双色图样"透明效果的方法分别创建出"全色图样"透明效果（如图 9-60 所示）和"位图图样"透明效果（如图 9-61 所示）。

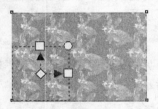　　　　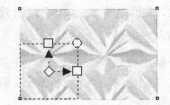

图 9-60　"全色图样"透明效果　　　　图 9-61　"位图图样"透明效果

9.5　立体化效果

利用交互式立体化工具可以为图形创建立体化效果，使图形产生强烈的三维立体效果和透视感。

9.5.1　创建立体化效果并进行编辑

使用交互式立体化工具在需要创建立体化效果的图形上拖动鼠标即可创建出立体化效果，并可使用属性栏调整其立体化效果。

创建立体化效果的具体操作步骤如下：

（1）利用星形工具绘制一个如图 9-62 所示的星形，并为其填充灰色。

（2）单击交互式立体化工具，此时鼠标光标变为形状，把光标移到星形图形上单击并向右下方拖动，此时出现如图 9-63 所示的蓝色线框。

（3）拖动到合适位置时释放鼠标，则创建的立体化效果如图 9-64 所示。

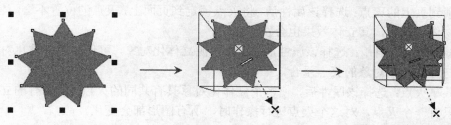

图 9-62　绘制星形　　　　图 9-63　创建星形立体化　　　　图 9-64　星形立体化效果

（4）选中创建的立体化星形，其属性栏如图 9-65 所示。单击"立体化类型"下拉列表框右侧的■按钮，在弹出的下拉列表（如图 9-66 所示）中选择一种立体化类型，如选择▣选项，则图形的立体化效果如图 9-67 所示。

图 9-65　交互式立体化工具属性栏

（5）在"深度"数值框█20▲中输入数值来控制立体化图形的深度，如输入 30，则星形的立体化效果如图 9-68 所示。

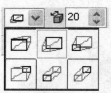
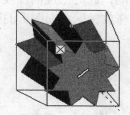

图 9-66　展开"立体化类型"下拉列表框　　　图 9-67　改变立体化类型　　　图 9-68　改变立体化深度

在交互式立体化工具属性栏的"预设"下拉列表框中可以选择已经设置好的立体化效果。

9.5.2　设置立体化图形的灭点

创建立体化图形后，用户直接拖动方向箭头上的✖标记可以调整立体化的方向。该点也称为立体化图形的灭点，是指立体化图形透视的消失点。

在交互式立体化工具属性栏的"灭点坐标"数值框█96.523mm█中输入数值可以设置图形的灭点坐标，精确控制图形的灭点位置；单击"灭点属性"下拉列表框█锁到对象上的灭点█右侧的■按钮，弹出如图 9-69 所示的"灭点属性"下拉列表，在其中可以选择灭点的属性。

图 9-69　展开"灭点属性"下拉列表框

◆ 锁到对象上的灭点：选择该属性后，将灭点锁定到物体上，用户任意移动立体化对象都不会影响立体化对象的效果。

◆ 锁到页上的灭点：选择该属性后，将灭点锁定到页面上，灭点的位置不会随物体移动，物体移动时，其立体效果也会发生变化。

◆ 复制灭点，自…：选择该属性后，再单击源立体化对象，可使当前立体化对象的灭点与源立体化对象的灭点重合。

◆ 共享灭点：选择该属性后，使多个立体化对象具有共同的灭点，即所有的立体化对象只有一个灭点，对这个灭点进行操作时，所有图形都会变化。

9.6 其他特殊效果

9.6.1 阴影效果

使用交互式阴影工具可以为图形、位图、文字等大部分对象添加阴影效果，使图形看起来更有立体感。

选中需要添加阴影效果的图形（如图 9-70 所示），单击交互式阴影工具，当鼠标变为形状时，在图形上单击并向右拖动，此时出现的虚线框为阴影的大致形状和范围，如图 9-71 所示。当拖动鼠标到所需位置后释放鼠标，则图形的阴影效果如图 9-72 所示。

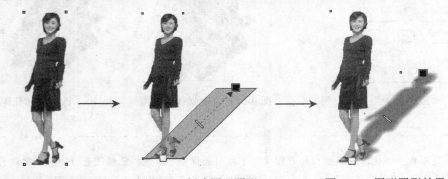

图 9-70 选择图形　　图 9-71 创建图形阴影　　图 9-72 图形阴影效果

9.6.2 编辑阴影效果

单击交互式阴影工具，为图形对象添加阴影效果后选择图形，其属性栏如图 9-73 所示。使用该属性栏可以对阴影的角度、方向、边缘和明暗程度等进行设置。

图 9-73 交互式阴影工具属性栏

编辑阴影效果的具体操作步骤如下：

（1）选择如图 9-74 所示的骑车人图形，在"阴影角度"数值框中输入"15"，设置交互式阴影的角度，则图形的阴影效果如图 9-75 所示。

图 9-74　选择阴影图形

图 9-75　设置阴影角度

（2）在"阴影不透明度"数值框中输入"25"，效果如图 9-76 所示；在"阴影羽化"数值框 ⌀30 ＋ 中输入"30"，效果如图 9-77 所示。

图 9-76　设置阴影不透明度

图 9-77　设置阴影羽化数值

（3）单击"阴影羽化方向"按钮，弹出如图 9-78 所示的"羽化方向"面板。在其中可以设置阴影方向，如单击"中间"按钮，则阴影效果如图 9-79 所示。

图 9-78　"羽化方向"面板

图 9-79　设置羽化方向

（4）单击"阴影羽化边缘"按钮，弹出如图 9-80 所示的"羽化边缘"面板。在其中可设置阴影羽化边缘形状，如单击"反白方形"按钮，则边缘效果如图 9-81 所示。

图 9-80　"羽化边缘"面板

图 9-81　羽化边缘效果

（5）单击"阴影颜色"下拉列表框右侧的▼按钮，在打开的"阴影颜色"下拉列表中选择"青褐色"，如图 9-82 所示。图形的阴影颜色效果如图 9-83 所示。

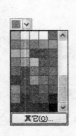

图 9-82　展开"阴影颜色"下拉列表框　　　　图 9-83　阴影颜色效果

9.6.3　透视效果

透视是通过缩短或者加长对象的一边或者两边来创建对象的透视效果，常常用于包装设计、效果图制作等领域。

透视包括单点透视和两点透视两种。单点透视只改变对象一条边的长度，使对象在视觉上好像沿着视图的一个方向后退，适合表现严肃、正规的空间效果；两点透视可以改变对象两条边的长度，使对象好象沿着视图的两个方向后退，表现方式较为自由。

打开一张图片，选择"透视"→"添加透视点"命令，拖动鼠标为图形创建一点透视和两点透视效果。具体操作步骤如下：

（1）打开一张图片并选择该图形，效果如图 9-84 所示。选择"效果"→"添加透视"命令，则图形周围出现如图 9-85 所示的红色虚线网格框。

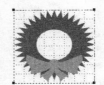

图 9-84　选择图形　　　　　　　　图 9-85　为图形添加透视框

（2）按住 Ctrl 键不放，以水平或者垂直方向拖动其中的一个节点即可为图形创建单点透视效果，如图 9-86 所示。

（3）按住 Shift+Ctrl 键不放，选择节点，拖动鼠标可以创建对称单点透视效果，如图 9-87 所示。

（4）使用鼠标光标拖动图形中的任意一个节点沿网格对象线靠近或者远离对象中心，图形中将会出现两个灭点，即创建出两点透视效果，如图 9-88 所示。

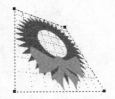

图 9-86　图形单点透视效果　　图 9-87　图形对称单点透视效果　　图 9-88　图形两点透视效果

9.6.4 透镜效果

在 CorelDRAW X4 中为用户提供了很多透镜效果，利用它们可以为图形创建出特殊效果，选择"效果"→"透镜"命令，打开如图 9-89 所示的"透镜"泊坞窗。

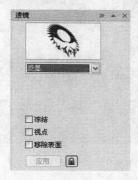

图 9-89 "透镜"泊坞窗

◇ "透镜类型"下拉列表框：其中提供了 11 种透镜效果，分别是"使明亮"、"颜色添加"、"色彩限度"、"自定义彩色图"、"鱼眼"、"热图"、"反显"、"放大"、"灰度浓淡"、"透明度"和"线框"。

◇ ☑冻结复选框：选中该复选框，将当前的透镜效果锁定，使其不影响对象的其他操作。

◇ ☑视点复选框：选中该复选框，单击后面的 编辑 按钮，在不移动对象和透镜的情况下可改变透镜的显示区域。

◇ ☑移除表面复选框：选中该复选框，只能在透镜下的显示区域中显示执行的结果。

为图形添加透镜效果的过程如图 9-90 所示。

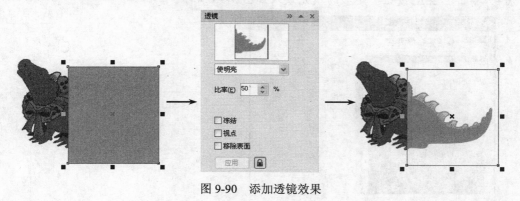

图 9-90 添加透镜效果

9.7 上机练习——房地产广告

本章上机练习的项目是设计并制作如图 9-91 所示的房地产广告画。当今社会房地产行业竞争日益激烈，形形色色的房地产广告飘满大街小巷。一个成功的广告，必须明确宣传主题，做到重点突出，才能给读者留下深刻的印象。

通过本实例的练习，使读者熟悉矩形工具、填充工具、形状工具、交互式透明工具、交互式阴影工具及文本工具的使用方法。

图 9-91 房地产广告效果

本例由背景、企业标志和广告内容组成，这里将详细介绍该房地产广告的制作过程，具体操作步骤如下：

1. 绘制图片背景

（1）启动 CorelDRAW X4，选择"文件"→"新建"命令或者按 Ctrl+N 键，新建一个图形文件。

（2）单击矩形工具，在页面中绘制一个宽度为 175mm、高度为 116mm 的矩形。

（3）单击填充工具，在展开的工具组中单击"颜色"按钮，打开"均匀填充"对话框，在其中设置矩形的填充颜色为 C：5、M：、Y：8、K：0，如图 9-92 所示。

（4）单击 确定 按钮，矩形的填充效果如图 9-93 所示。

图 9-92 "均匀填充"对话框

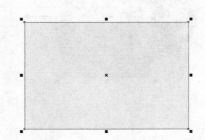

图 9-93 绘制的矩形效果

（5）单击矩形工具，在矩形的下部拖绘出一个宽度为 175mm、高度为 30mm 的矩形，在矩形的上部拖绘出一个宽度为 175mm、高度为 15mm 的矩形，并分别填充颜色为 C：60、M：0、Y：60、K：20，效果如图 9-94 所示。

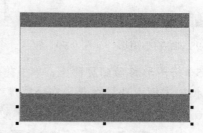

图9-94　填充两个小矩形效果

（6）导入如图9-95所示的"建筑风景.jpg"图片，使用挑选工具拖动图形四周的控制点将其缩放到合适大小并移动到大矩形上方，效果如图9-96所示。

图9-95　导入的"建筑风景.jpg"图片

图9-96　缩放并移动图片

（7）单击工具箱中的交互式透明工具，从图片上部向下部拖动，调整后的交互式透明效果如图9-97所示。

图9-97　交互式透明效果

2. 绘制企业标志

（1）使用矩形工具绘制一个宽度为10mm、高度为20mm的矩形，如图9-98所示。

（2）按Ctrl+Q键将矩形转变为曲线图形，单击形状工具，移动鼠标光标到矩形左下角并双击，删除左下角节点，如图9-99所示。

（3）使用形状工具框选住剩下的3个节点，单击属性栏中的"转换直线为曲线"按钮，再分别单击3个节点，拖动控制柄调节图形的形状，效果如图9-100所示。

（4）单击调色板上的"橘红"色块，为其填充橘红色，效果如图9-101所示。

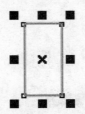

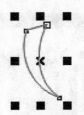

图 9-98　绘制小矩形　　图 9-99　删除一个节点　　图 9-100　调整曲线形状　　图 9-101　填充曲线颜色

（5）将图形移动到页面上，单击轮廓工具，按 F12 键，打开"轮廓笔"对话框，在"颜色"下拉列表框中选择白色，在"宽度"下拉列表框中选择 1.5mm 选项，如图 9-102 所示。

（6）单击 确定 按钮，图形轮廓效果如图 9-103 所示。

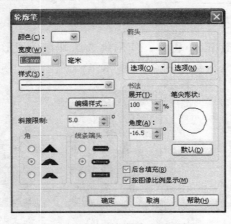
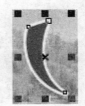

图 9-102　"轮廓笔"对话框　　　　　　　　　图 9-103　图形轮廓效果

（7）选中该图形，移动到合适位置时右击复制一个图形，如图 9-104 所示。

（8）选中复制的图形，拖动四周的控制点将其缩放到一定大小，并单击调色板上的"黄色"色块，将其填充为深黄色，效果如图 9-105 所示。

（9）选中复制的图形，利用相同的方法再复制出一个图形，将其缩小并填充为蓝色，效果如图 9-106 所示。

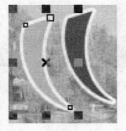
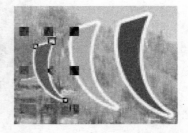

图 9-104　复制图形　　　　图 9-105　填充颜色　　　　图 9-106　复制、缩放并填充图形

（10）选中复制出的两个图形将其缩放、旋转并移动，编辑后的效果如图 9-107 所示。

（11）使用挑选工具框选住 3 个图形，按 Ctrl+G 键将其群组。

（12）单击文本工具，在图形下部输入中英文，并调整合适的字体和字间距，效果如图 9-108 所示。

图 9-107　旋转并移动后的图形效果　　　　　图 9-108　输入文字

（13）框选住标志图形，按 Ctrl+G 键将其群组，然后将其缩放并移动到画面上合适的位置。

3．添加文字内容

（1）单击文本工具，在页面中输入房地产广告语以及开发商名称、地址等，并设置合适的字体、字号，还要为文字填充颜色，效果如图 9-109 所示。

（2）选中红色字体广告语，单击工具箱中的交互式阴影工具 ，当鼠标光标变为 形状时，在文字上单击并向右拖动，如图 9-110 所示，当到所需位置后释放鼠标。

图 9-109　输入文字内容　　　　　　　图 9-110　拖动交互式阴影色标

（3）使用挑选工具调整画面上各元素到合适的位置，然后按 Ctrl+S 键将其保存。至此，整个房地产广告图片制作完成，效果如图 9-91 所示。

9.8　本章小结

本章主要介绍了 CorelDRAW X4 处理矢量图的特殊效果的功能，包括调和效果、轮廓图效果、变形效果、交互式阴影效果、交互式透明效果、交互式立体化效果、透视效果、透镜效果等。熟练掌握这些特殊效果的功能，为以后高质、高效的设计工作打下基础。

9.9　习　　题

一、填空题

1．变形效果主要分为_____、_____和_____3 种。

2．_____可以真实地表现出各种材料的材质效果。

3．透视包括_____和_____两种。

二、选择题

1．能将图形创建出类似齿轮状的外形轮廓的是_____。

    A．推拉变形   B．拉链变形   C．扭曲变形   D．轮廓变形

2．使当前调和对象沿指定的曲线路径调和图形的是_____。

    A．沿直线调和   B．沿路径调和   C．沿手绘线调和   D．沿曲线调和

三、问答题

1．创建直线调和效果的方法是什么？

2．简述编辑阴影效果的步骤。

3．透视包括哪几种？分别有什么特点？

4．如何创建图形立体化效果？

四、操作题

制作一个房地产广告，其效果如图 9-111 所示，要求海报的宽度和高度分别为 297mm、210mm。

提示：使用矩形工具绘制页面大小，再导入"建筑"图片和"标志"图片，并使用交互式透明工具创建图片的透明效果，最后使用文本工具在相应位置输入文字，并对文字进行交互式阴影效果的处理。

图 9-111　房地产广告图片

第10章 编辑和处理位图

本章导读

CorelDRAW X4 编辑和处理位图的功能是十分强大的，它提供了针对位图的图像转换、位图的裁切、图像色彩、颜色遮罩、特殊效果的功能。在各个命令下，不同的对话框参数下创建的图形效果也是有很大差异的，若能在使用时反复调整对话框参数，一定会达到意想不到的效果。

本章要点

- ◉ 位图的转换
- ◉ 位图的裁剪
- ◉ 位图的色彩调整
- ◉ 位图的颜色遮罩
- ◉ 创建位图的特殊效果

10.1 编 辑 位 图

在 CorelDRAW X4 中不仅可以将矢量图转换为位图，而且可以对转换后的位图进行编辑和处理，如裁切位图、模拟位图等。

10.1.1 矢量图转换为位图

在平面设计中，有时为了设计的需要需对图形的颜色进行调整或者对其应用特殊滤镜效果，这时就需要将矢量图转换为位图。将矢量图转换为位图的方法有两种，一种是直接将矢量图转换为位图，另一种是用导出法将矢量图转换为位图。

1. 将矢量图转换为位图

选中需转换的图形，打开"转换为位图"对话框，从中选择所需的选项，将其转换为位图，具体操作步骤如下：

（1）使用挑选工具选中如图 10-1 所示的矢量图形，选择"位图"→"转换为位图"命令，打开"转换为位图"对话框。

（2）在"分辨率"下拉列表框中选择所需的分辨率，如选择 300dpi 选项；在"颜色模式"下拉列表框中选择要转换的颜色模式，如选择 CMYK 颜色模式，其他设置如图 10-2 所示。

（3）单击 确定 按钮，则将矢量图形转换为位图，效果如图 10-3 所示。

图 10-1　选中矢量图形　　　图 10-2　"转换为位图"对话框　　　图 10-3　转换为位图效果

　　将矢量图转换为位图后，图像将会出现白色背景，若选中"转换为位图"对话框中的"透明背景"复选框，则可将白色背景去掉。

2. 将矢量图导出为位图

用户除可直接将矢量图转换为位图外，还可将矢量图导出为位图文件格式。将矢量图导出为位图的具体操作步骤如下：

（1）使用挑选工具选中需导出的图形，选择"文件"→"导出"命令，打开"导出"对话框，在"文件名"下拉列表框中输入文件名，再选择保存类型和保存位置，然后单击 [导出] 按钮，如图 10-4 所示。

（2）打开"转换为位图"对话框，在"宽度"和"高度"数值框中分别输入数值来指定位图图像的尺寸；在"分辨率"数值框中选择所需的分辨率；在"颜色模式"下拉列表框中选择要转换的颜色模式，如选择 RGB 颜色模式；在"选项"栏中选择图形的效果，如图 10-5所示，然后单击 [确定] 按钮，即可将矢量图形导出为位图。

图 10-4　"导出"对话框　　　　　　　图 10-5　"转换为位图"对话框

10.1.2　导入位图

在 CorelDRAW X4 中，用户可以将绘制的矢量图导出为位图，也可将外界的位图图像导入到 CorelDRAW X4 工作界面中。选择"文件"→"导入"命令，在打开的"导入"对话框中选择要导入的图形和文件类型，单击 [　导入　] 按钮，即可将图像导入到 CorelDRAW X4 页面中。导入位图的操作方法如图 10-6 所示。

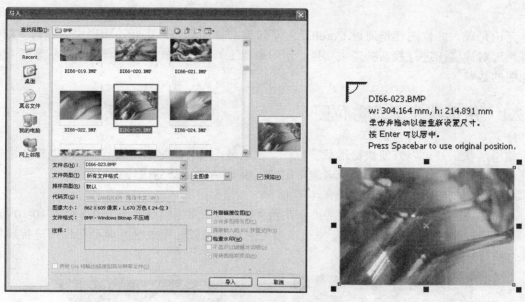

图 10-6　导入位图的操作方法

10.1.3　改变位图的颜色模式

在 CorelDRAW X4 中可以将位图转换为多种颜色模式，转换颜色模式时可能会丢失颜色信息，因此应先保存编辑好的图像，然后再改变其颜色模式。改变颜色模式的方法为：选择"位图"→"模式"命令，在弹出的子菜单中提供了 7 种颜色模式，包括黑白、灰度、双色、调色板、RGB 颜色、Lab 颜色和 CMYK 颜色模式。

改变位图颜色模式的具体操作方法为：导入如图 10-7 所示的图像；选择"位图"→"模式"命令，在弹出的子菜单中提供了多种颜色模式，如图 10-8 所示；如选择"双色（8 位）"命令，在打开的对话框中单击 [　确定　] 按钮，则导入图片的双色模式效果如图 10-9 所示。

图 10-7　选择位图　　　　　图 10-8　选择颜色模式　　　　图 10-9　位图双色模式效果

10.2　裁　剪　位　图

　　无论是导入的位图还是通过 CorelDRAW 转换的位图，如果需要该图形中的任何一部分，都可通过对该位图进行裁切处理来实现。使用形状工具⬚和"放置在容器中"命令都可以实现对位图的裁剪。

10.2.1　用形状工具裁剪位图

　　使用形状工具可以方便快捷地裁剪位图，方法是：拖动裁剪位图的节点，可以将其进行裁剪，还可以在图形边框线上添加或者删除节点，从而将位图裁剪成任意形状。

　　用形状工具裁剪位图的具体操作步骤如下：

　　（1）单击形状工具⬚，选择需要裁剪的位图，在位图周围出现 4 个节点，如图 10-10 所示。

　　（2）选中某个节点并向其内部拖动，当达到合适位置时释放鼠标即可将位图进行裁剪，效果如图 10-11 所示。

图 10-10　选择裁剪对象

图 10-11　位图的直线裁剪效果

　　（3）选中任一个节点，单击鼠标右键，在弹出的快捷菜单中选择"到曲线"命令，则将所选节点转换为曲线方式。

　　（4）调整节点上的控制柄，对裁剪形状进行编辑，效果如图 10-12 所示。

　　（5）调整好位图的外框线后，单击选择工具可完成对位图的裁剪，效果如图 10-13 所示。

图 10-12　设置节点类型

图 10-13　位图的曲线裁剪效果

10.2.2 通过命令裁剪位图

通过"放置在容器中"命令可以将位图裁剪成任意形状，方法是：选择要进行裁剪的位图，再选择"效果"→"图框精确剪裁"→"放置在容器中"命令，然后单击要将位图置入的图形，即可将选择的位图裁剪成任意形状。

下面使用贝塞尔工具绘制一个图形外框，将一个位图图片放置其中，并对位图图片进行编辑。具体操作步骤如下：

（1）选择要裁剪的位图图片，如图 10-14 所示。单击星形工具☒，绘制一个如图 10-15 所示的星形图形。

（2）单击挑选工具，选中要进行裁剪的位图，选择"效果"→"图框精确剪裁"→"放置在容器中"命令，此时鼠标光标变为➡形状，单击星形图形轮廓，则裁剪后的图形效果如图 10-16 所示。

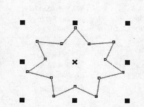

图 10-14 选择要裁剪的图片　　图 10-15 绘制的轮廓效果　　图 10-16 位图裁剪效果

（3）如果对裁剪的位置不满意，则可以单击鼠标右键，在弹出的快捷菜单中选择"编辑内容"命令，可使用挑选工具对图框中的内容进行移动、缩放或者旋转等操作，如图 10-17 所示。

（4）调整完成后，单击鼠标右键，在弹出的快捷菜单中选择"结束编辑"命令，效果如图 10-18 所示。

图 10-17 编辑位图　　　　　　　　　图 10-18 结束编辑

用鼠标右键拖动位图到容器对象上释放鼠标，在弹出的快捷菜单中选择"图框精确裁剪内部"命令，也可以创建图框精确裁剪效果。

10.3　位图的色彩调节

如果对在 CorelDRAW X4 中绘制的图形颜色不满意，还可以进行调整，包括调整图像的色度、亮度、对比度和饱和度等。通过对其颜色进行调整，可以恢复阴影或者高光中的细部缺陷，校正曝光不足或过度等缺陷。

调整位图色彩的方法为：选择需调整的位图，再选择"效果"→"调整"命令，弹出如图 10-19 所示的子菜单，包括高反差、局部平衡、取样/目标平衡、调和曲线、亮度/对比度/强度、颜色平衡、伽玛值、色度/饱和度/亮度、所选颜色、替换颜色、取消饱和等命令，下面将分别进行介绍。

图 10-19　"调整"命令子菜单

10.3.1　高反差

"高反差"命令是通过移动高反差滑条来调整位图明暗程度的，主要用于在保留阴影和高亮度显示细节的同时，调整色调、颜色和位图对比度。

调整图像高反差效果的具体操作步骤如下：

（1）导入一幅图像并将其选中，如图 10-20 所示。选择"效果"→"调整"→"高反差"命令，打开"高反差"对话框。

图 10-20　选中位图

（2）在该对话框的"色频"栏的下拉列表框中选择"品红色频"选项；拖动"输入值剪裁"滑块，左边的滑块控制暗部的颜色反差，右边的滑块控制亮部的颜色反差；拖动"输出范围压缩"滑块，其他设置如图 10-21 所示。然后选中 ☑ 自动(U) 复选框，系统将自动重组图像像素。

（3）单击 选项(T)... 按钮，打开"自动调整范围"对话框，在该对话框中设置自动调整的色彩范围，如图 10-22 所示，单击 确定 按钮返回到"高反差"对话框中。

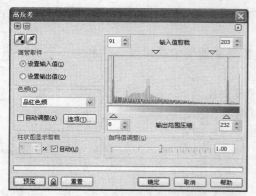

图 10-21　"高反差"对话框　　　　　图 10-22　"自动调整范围"对话框

（4）再单击对话框中的 确定 按钮，得到的"高反差"效果如图 10-23 所示。

图 10-23　"高反差"效果

10.3.2　局部平衡

局部平衡是通过改变图像颜色边缘的对比度来调整其暗部和亮部的细节。调整图像局部平衡效果的具体操作步骤如下：

（1）导入如图 10-24 所示的图像，并将其选中，然后选择"效果"→"调整"→"局部平衡"命令，打开"局部平衡"对话框。

（2）使用鼠标光标拖动"宽度"和"高度"滑块或者直接在右侧的文本框中输入数值，如图 10-25 所示。然后单击 确定 按钮，则得到的"局部平衡"效果如图 10-26 所示。

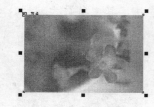
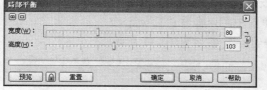

图 10-24　选择位图　　　　图 10-25　"局部平衡"对话框　　　　图 10-26　"局部平衡"效果

10.3.3　调和曲线

使用"调和曲线"命令可以精确地设置单个像素值以便精确地校正图像的颜色。具体操作步骤如下：

（1）使用挑选工具选中如图 10-27 所示的图形，选择"效果"→"调整"→"调和曲线"命令，打开"调和曲线"对话框。

（2）在"色频通道"下拉列表框中选择需要调整的通道；在"样式"下拉列表框中选择一种曲线样式。

❖ 单击 按钮或 按钮，可以使曲线反向。

❖ 单击 空(N) 按钮，可以恢复曲线为初始状态。

❖ 单击 平衡(B) 按钮，系统将自动进行调和。

（3）这里直接单击 平衡(B) 按钮，如图 10-28 所示，然后单击 确定 按钮，得到图片的调和曲线效果。

图 10-27　选中位图

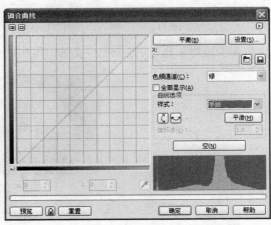

图 10-28　"调和曲线"对话框

10.3.4　亮度/对比度/强度

亮度指图形的明暗程度，对比度指图形中黑色和白色部分的反差，强度指图形的色彩强度。使用"亮度/对比度/强度"命令可以调整位图的亮度、对比度和强度，具体操作步骤如下：

（1）使用挑选工具选中如图 10-29 所示的图形，然后选择"效果"→"调整"→"亮度/对比度/强度"命令，打开"亮度/对比度/强度"对话框。

（2）使用鼠标光标分别拖动"亮度"、"对比度"和"强度"滑块，其中负数为减弱，正数为增强，设置效果如图 10-30 所示。

（3）单击 确定 按钮，效果如图 10-31 所示。

图 10-29　选中一个图片

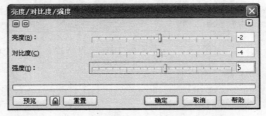

图 10-30　"亮度/对比度/强度"对话框

图 10-31　调整位图后的效果

10.3.5　色度/饱和度/亮度

色度指位图颜色的色相，饱和度指位图色彩的纯度，亮度指色彩的明度。通过"色度/饱和度/亮度"命令可以对图片的色度、饱和度和亮度进行调整。具体操作步骤如下：

（1）选中需要调整的位图，如图 10-32 所示。然后选择"效果"→"调整"→"色度/饱和度/亮度"命令，打开"色度/饱和度/亮度"对话框。

（2）分别拖动"色度"、"饱和度"和"亮度"滑块，设置如图 10-33 所示。

（3）单击 确定 按钮，则调整后的图像效果如图 10-34 所示。

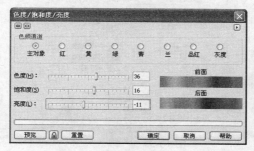

图 10-32　选择位图　　　图 10-33　"色度/饱和度/亮度"对话框　　　图 10-34　调整后的效果

10.3.6　其他命令

1. 取样/目标平衡

"取样/目标平衡"是通过直接从图像中提取颜色样品来调整位图的颜色值，可以从图形的黑色、中间色调以及浅色部分选取色样，并将目标色应用于每个色样。

2. 伽玛值

伽玛值是一种较色方法，它主要是利用人的眼睛因相邻区域的色值不同而产生的视觉印象。

3. 替换颜色

替换颜色是指从图像中汲取一种颜色，然后选择另一种颜色将其替换。

4. 取消饱和

取消饱和就是将位图的颜色模式改变为灰度模式，方法是：使用选择工具选中需要调整的位图，再选择主菜单中的"效果"→"调整"→"取消饱和"命令，即可把图片转换为灰度模式。

5. 通道混合器

使用"通道混合器"命令可以通过改变不同颜色通道的数值来改变图像的色调。

10.4　创建位图的特殊效果

通过 CorelDRAW X4 的内置滤镜功能，可以将位图进行特殊效果处理。在"位图"菜单中提供了 10 个特殊效果选项，包括三维效果、艺术笔触、模糊、相机、创造性等，下面将分别进行讲解。

10.4.1　三维效果

利用位图的"三维效果"命令可以使位图产生三维旋转、柱面、浮雕、卷页、透视等三维变形。选择"位图"→"三维效果"命令，在弹出的子菜单中提供了 7 种不同的位图三维特殊效果，如图 10-35 所示。

图 10-35　三维效果组

✧　三维旋转：制作位图的立体旋转效果。

✧　柱面：制作位图圆柱体状的立体效果。

✧　浮雕：制作位图的浮雕效果，可以控制浮雕的深度和角度。

✧　卷页：使位图的一角或者多角出现卷页效果。

✧　透视：制作位图透视效果。

✧　挤远/挤近：制作位图的挤压效果，分为捏合和挤压两种方式。

✧　球面：制作球面图片。

下面为一张位图图片创建卷页的三维效果，具体操作步骤如下：

（1）使用挑选工具选择一张位图，如图 10-36 所示，然后选择"位图"→"三维效果"→"卷页"命令，打开"卷页"对话框。

（2）在打开的对话框中单击 按钮，然后分别拖动"宽度"和"高度"滑块，其他设置如图 10-37 所示。

（3）单击 确定 按钮，则制作出的卷页效果如图 10-38 所示。

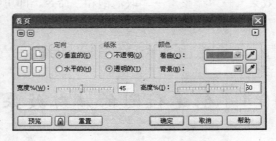

图 10-36　选择位图　　　　　图 10-37　"卷页"对话框　　　　　图 10-38　"卷页"效果

10.4.2　艺术笔触效果

　　使用"艺术笔触"命令组可制作出类似手工绘画的效果。选择"位图"→"艺术笔触"命令，在弹出的子菜单中提供了炭笔画、单色蜡笔画、蜡笔画、立体派、印象派等 14 种不同的艺术笔触特殊效果，如图 10-39 所示。

图 10-39　艺术笔触组

　　选择一张位图，为其创建"素描"效果的笔触样式，具体操作步骤如下：

　　（1）使用挑选工具选择位图，如图 10-40 所示，然后选择"位图"→"艺术笔触"→"素描"命令，打开"素描"对话框。

　　（2）在该对话框中分别拖动"样式"、"笔芯"和"轮廓"滑块，如图 10-41 所示。然后单击 预览 按钮，在图片上可以预览设置效果。

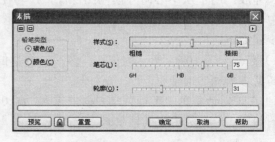

图 10-40　选择位图　　　　　　　　图 10-41　"素描"对话框

　　（3）当设置达到满意效果后，单击 确定 按钮，则制作出的素描效果如图 10-42 所示。

图 10-42　位图的"素描"效果

10.4.3 模糊效果

通过 CorelDRAW X4 的模糊功能，可将位图的画面进行柔和、高斯式模糊、动态模糊等 9 种效果的处理，如图 10-43 所示。

图 10-43 "模糊"子菜单

- ❖ 定向平滑：使图像中的渐变区域平滑而保留边缘细节和纹理。
- ❖ 高斯式模糊：使位图按照高斯分配产生朦胧的效果。
- ❖ 锯齿状模糊：在位图上散播色彩，以最小的变形产生柔和的模糊效果。
- ❖ 低通滤波器：移除锐边和细节，剩下滑阶和低频区域。
- ❖ 动态模糊：产生图像运动的幻像。
- ❖ 放射式模糊：产生由中心向外框辐射的模糊效果。
- ❖ 平滑：在邻近的像素间调和差异。
- ❖ 柔和：在不失掉图像重要细节的基础上平滑地调和图像锐边。
- ❖ 缩放：用于从中心向外模糊图像像素，与在不同焦距相机下观察物体的效果一样。

选中一幅位图图片，打开"高斯式模糊"对话框，为其创建"高斯式模糊"特殊效果，具体操作步骤如下：

（1）选择如图 10-44 所示的位图，然后选择"位图"→"模糊"→"高斯式模糊"命令，打开"高斯式模糊"对话框。

（2）在该对话框的"半径"文本框中输入"60.0"，如图 10-45 所示。然后单击 确定 按钮，得到如图 10-46 所示的模糊效果。

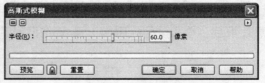

图 10-44 选择位图　　图 10-45 "高斯式模糊"对话框　　图 10-46 "高斯式模糊"效果

10.4.4 相机效果

相机效果是指通过模拟照相机的扩散透镜的原理使图像产生光的效果。创建相机效果的具体操作步骤如下：

（1）选中如图 10-47 所示的位图图片，然后选择"位图"→"相机"→"扩散"命令，打开"扩散"对话框。

（2）在该对话框的"层次"文本框中输入"100"，如图 10-48 所示。然后单击 确定 按钮，得到的"扩散"效果如图 10-49 所示。

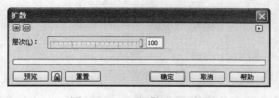

图 10-47 选择位图　　　　　　图 10-48 "扩散"对话框　　　　　图 10-49 "扩散"效果

10.4.5 颜色转换效果

颜色转换效果是指通过替换或者减少颜色以产生摄影幻觉效果。选择"位图"→"颜色转换"命令，打开"颜色转换"子菜单，其中包含了 4 个选项，如图 10-50 所示。

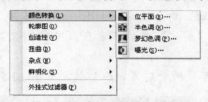

图 10-50 "颜色转换"子菜单

◇　位平面：减少图像颜色到基本的 RGB 单元，并不显示图像色调的变化。

◇　半色调：使图像转换为半色调，即由连续色调转换为一系列代表不同色调的、不同大小的点组成的图像。

◇　梦幻色调：可使位图颜色变得较为高亮度。

◇　曝光：可将位图转化为底片，并能调节曝光的效果。

选中一幅位图图片，打开"梦幻色调"对话框，为其创建"梦幻色调"特殊效果，具体操作步骤如下：

（1）使用挑选工具选中如图 10-51 所示的位图，然后选择"位图"→"颜色转换"→"梦幻色调"命令，打开"梦幻色调"对话框。

（2）在该对话框的"层次"文本框中输入"180"，如图 10-52 所示，然后单击 确定 按钮，得到的"梦幻色调"效果如图 10-53 所示。

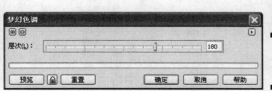

图 10-51 选择图片　　　　　　图 10-52 "梦幻色调"对话框　　　　图 10-53 "梦幻色调"效果

10.4.6　轮廓图效果

轮廓图效果主要用于突出显示和增强图像的边缘。选择"位图"→"轮廓图"命令，打开"轮廓图"子菜单，其中包含了 3 个选项，如图 10-54 所示。

图 10-54　"轮廓图"子菜单

◇　边缘检测：可以检测出位图图像的边缘并将其转换成置于单色背景中的轮廓线。

◇　查找边缘：将对象边缘搜索出来，并将其转换成软或硬的轮廓线。

◇　描摹轮廓：可增强位图对象的边缘。

选中一幅位图图片，打开"描摹轮廓"对话框，为其创建"描摹轮廓"特殊效果，具体操作步骤如下：

（1）使用挑选工具选中如图 10-55 所示的位图，然后选择"位图"→"轮廓图"→"描摹轮廓"命令，打开"描摹轮廓"对话框。

（2）在该对话框中拖动"层次"滑块或者在其右侧的文本框中输入数值，如图 10-56 所示。

（3）单击 确定 按钮，图片的"描摹轮廓"效果如图 10-57 所示。

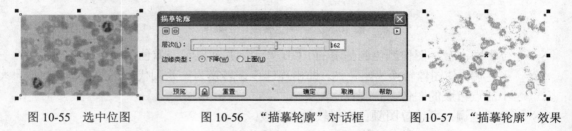

图 10-55　选中位图　　　　　图 10-56　"描摹轮廓"对话框　　　　图 10-57　"描摹轮廓"效果

10.4.7　创造性效果

使用"创造性"命令可以为位图创建散开、虚光和旋涡等奇妙的效果。选择"位图"→"创造性"命令，在其弹出的子菜单中提供了 14 种创造性特殊效果，如图 10-58 所示。

图 10-58　"创造性"子菜单

选中一幅位图，打开"虚光"对话框，为其创建"虚光"特殊效果，具体操作步骤如下：

（1）使用挑选工具选中如图 10-59 所示的位图，然后选择"位图"→"创造性"→"虚光"命令，打开"虚光"对话框。

（2）在该对话框的"颜色"栏中选中 其它(T) 单选按钮，在下方的颜色框中选择一种颜色，如图 10-60 所示。

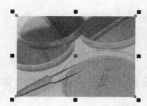

图 10-59 选择位图图片

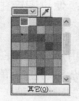

图 10-60 选择颜色

（3）在"形状"栏中选中 椭圆形(E) 单选按钮，在"调整"栏中设置"偏移"和"褪色"参数，如图 10-61 所示。

（4）单击 确定 按钮，图片的"虚光"效果如图 10-62 所示。

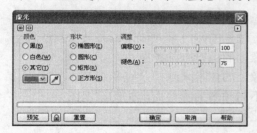

图 10-61 "虚光"对话框

图 10-62 "虚光"效果

10.4.8 其他位图效果

1. 扭曲效果

扭曲效果可以使位图表面发生变形。选择"位图"→"扭曲"命令，在弹出的"扭曲"子菜单中包含了"块状"、"置换"、"偏移"等 10 种不同的扭曲效果，如图 10-63 所示。

图 10-63 "扭曲"子菜单

◇ 块状：将位图分解为一些小碎片。

◇ 置换：可通过在两幅图像间赋予颜色值，然后按照置换图像的值来改变现有的位图。

◇ 偏移：可按指定的值偏移整张图片，偏移后留下的空白区域可按设置进行填充。

◇ 像素：可将位图分成方形、矩形等像素单元，从而创建出夸张的位图外观。

◇ 龟纹：选择该命令可使位图产生波浪形的变形。
◇ 旋涡：以旋涡样式来扭曲旋转位图。
◇ 平铺：将位图平铺为一系列图像。
◇ 湿笔画：使位图看起来像一幅尚未干透的油画。
◇ 涡流：可把流体涡流样式应用于位图。
◇ 风吹效果：使位图产生一种风刮过图像的效果。

2. 杂点效果

杂点效果主要用于编辑位图图像的粒度。选择"位图"→"杂点"命令，在弹出的"杂点"子菜单中包括添加杂点、去除龟纹、去除杂点等 6 种不同的杂点效果，如图 10-64 所示。

图 10-64 "杂点"子菜单

◇ 添加杂点：可以在位图上产生颗粒状效果。
◇ 最大值：使用该命令可通过其邻近像素的颜色最大值来调整其像素颜色值。
◇ 中值：使用该命令可通过平均图像上的像素来除掉杂点。
◇ 最小：使用该命令可通过去除图像上的像素来除掉杂点和细节。
◇ 去除龟纹：可移除图像中因两种不同频率的重叠而产生的波浪图案。
◇ 去除杂点：可降低位图粒度，软化位图。

3. 鲜明化效果

鲜明化效果是指通过提高与邻近像素的对比度来突出和强化图像边缘。选择"位图"→"鲜明化"命令，在弹出的"鲜明化"子菜单中提供了适应非鲜明化、定向柔化、高通滤波器、鲜明化、非鲜明化遮罩 5 种不同的鲜明化效果，如图 10-65 所示。

◇ 适应非鲜明化：通过分析边缘邻近像素值来强化边缘。
◇ 定向柔化：通过分析边缘邻近像素值来确定应用高值鲜明化方向。
◇ 高通滤波器：通过强调图像中的最亮区和明亮区来淡化和去除低频区和阴影。
◇ 鲜明化：通过提高与邻近像素的对比度来强化图像边缘。
◇ 非鲜明化遮罩：可突出模糊区域，强调位图边缘细节。

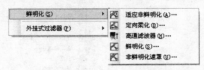

图 10-65 "鲜明化"子菜单

10.5 上机练习——广告设计

市场上各类广告彩页漫天飞舞，令人眼花缭乱。要想在众多广告中脱颖而出，必须要有能吸引读者眼球的内容。本实例将绘制一幅首饰广告图片，效果如图 10-66 所示。整个画面使用连环造型预示首饰产品工艺的严谨和精细，页面设计时尚，简约的文字给阅读者以清晰明了的信息传递。

图 10-66　产品宣传彩页效果图

具体实训目标如下。

（1）了解产品广告设计的特点和设计要求。

（2）温习交互式阴影工具、橡皮擦工具及轮廓笔工具的使用方法。

（3）掌握"渐变填充"对话框的参数设置技巧。

（4）熟悉"群组"、"顺序"、"造形"及"图框精确剪裁"等命令。

（5）提高综合应用各种工具和操作命令的方法和技巧。

下面详细介绍制作该广告宣传页的过程，具体操作步骤如下：

（1）启动 CorelDRAW X4，新建一个图形文件。

（2）导入如图 10-67 所示的图片，在属性栏的"对象大小"文本框中将其宽度设置为 130mm，高度设置为 164mm。

（3）单击矩形工具□，绘制一个宽度为 130mm、高度为 164mm 的矩形，效果如图 10-68 所示。

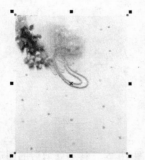

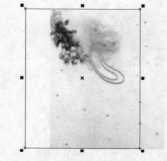

图 10-67　导入位图图片　　　图 10-68　绘制一个矩形并填充颜色调整图片大小

（4）按 F11 键，打开"渐变填充"对话框，选中 ⊙ 自定义(C) 单选按钮，在下方的颜色框中将其颜色设置为如图 10-69 所示，在"角度"数值框中输入"46.7"，在"边界"数值框中输入"2"。然后单击 [　确定　] 按钮，则填充后的矩形效果如图 10-70 所示。

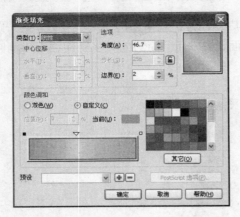

图 10-69 "渐变填充"对话框

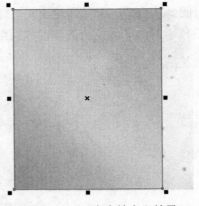

图 10-70 "渐变填充"效果

（5）单击椭圆形工具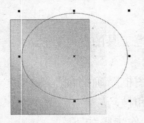，绘制一个如图 10-71 所示的椭圆，在属性栏的"对象大小"数值框中设置宽度为 175mm、高度为 148mm。

（6）把椭圆移动到渐变填充矩形的合适位置，使用挑选工具框选住矩形和椭圆，然后选择"排列"→"造形"→"修剪"命令，则修剪后的图形效果如图 10-72 所示。

图 10-71 绘制椭圆

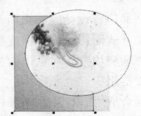

图 10-72 修剪后的效果

（7）选中修剪后的椭圆，按 Delete 键将其删除。

（8）选中修剪后的矩形，右击调色板上的"40%黑"色块，将其轮廓线设置为浅灰色，效果如图 10-73 所示。

（9）将修剪后的矩形移动到背景图片的上方，效果如图 10-74 所示。

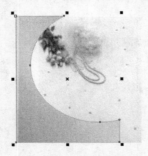

图 10-73 删除椭圆

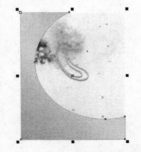

图 10-74 移动修剪后的图形

（10）选中修剪后的矩形，按住 Ctrl 键将其向右移动一定距离后右击，复制出一个相同的图形，将复制的图形填充为深褐色，效果如图 10-75 所示。

（11）在复制的图形上右击，在弹出的快捷菜单中选择"顺序"→"置于此对象后"命令，当鼠标光标变为➡形状时移动到原矩形上并单击，将复制的图形移动到原矩形下面，效果如

图 10-76 所示。

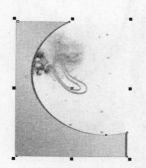

图 10-75 复制修剪后的矩形并填充 　 图 10-76 将复制的图形移动到原矩形下面

（12）单击橡皮擦工具 ，擦除复制图形的多余部分，擦除后的效果如图 10-77 所示。

（13）框选住所有的图形元素，单击属性栏中的"群组"按钮，将其变为一个群组对象。

（14）导入一张"首饰"图片，将其旋转一定的角度，效果如图 10-78 所示。

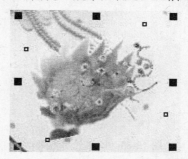

图 10-77 擦除多余部分 　 图 10-78 导入"手饰"图片

（15）单击交互式阴影工具 ，在导入的首饰图形上拖动，到合适效果时释放鼠标，如图 10-79 所示。

（16）导入两张图片，效果如图 10-80 所示。

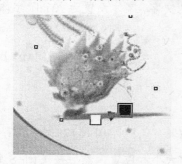

图 10-79 添加阴影效果 　 图 10-80 导入两张图片

（17）单击椭圆形工具 ，按住 Ctrl 键绘制一个直径为 55mm 的正圆，如图 10-81 所示。

（18）选中绘制的正圆，单击轮廓工具 ，在弹出的工具组中单击"画笔"按钮，打开"轮廓笔"对话框。

（19）在"颜色"下拉列表框中将颜色设置为浅橘色，在"宽度"下拉列表框中设置为 2.0mm，其他设置如图 10-82 所示。

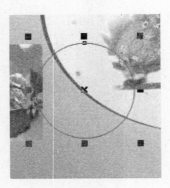

图 10-81　绘制正圆

图 10-82　"轮廓笔"对话框

（20）设置完成后单击 [确定] 按钮，应用轮廓效果，如图 10-83 所示。

（21）选择导入的一个图片，然后选择"效果"→"图框精确剪裁"→"放置在容器中"命令，此时鼠标光标变为 ➡ 形状，将光标移动到正圆上单击，则裁剪的图形效果如图 10-84 所示。

图 10-83　圆形轮廓效果

图 10-84　图形裁剪效果

（22）单击多边形工具 ⬠，在属性栏中设置边数为 6，采用与步骤（17）～（20）相同的方法设置其轮廓，效果如图 10-85 所示。

（23）采用和步骤（21）相同的方法在新绘制的六边形中裁剪另一张导入的图片，裁剪后的效果如图 10-86 所示。

（24）单击文本工具 ⬚，输入如图 10-87 所示的文字，字体设置为 Arial，字体大小为 24pt。

图 10-85　绘制六边形

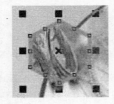

图 10-86　六边形裁剪效果

图 10-87　输入文字

（25）使用挑选工具调整画面中各图形元素的大小和位置，然后按 Ctrl+S 键将其保存。至此，整个产品广告图片制作完成，效果如图 10-66 所示。

10.6　本章小结

本章主要讲解了编辑和处理位图的相关功能和方法，包括位图的转换、位图的裁剪、位图的色彩调整、位图的颜色遮罩、创建位图的特殊效果等。在学习本章内容时，重点掌握位图的转换、位图的裁剪以及创建位图的特殊效果。

10.7　习　　题

一、填空题

1．可以方便快捷地裁剪位图的方法是_____。

2．_____是一种较色方法，它主要是利用人的眼睛因相邻区域的色值不同而产生的视觉印象。

3．将位图的颜色模式改变为灰度模式的是_____。

4．_____是指通过提高与邻近像素的对比度来突出和强化图像边缘。

二、选择题

1．通过直接从图像中提取颜色样品来调整位图的颜色值的是_____。

  A．高反差   B．局部平衡   C．取样/目标平衡   D．调和曲线

2．色谱范围内通过增加或者减少组成颜色的百分比来改变图像的颜色的是_____。

  A．替换颜色   B．所选颜色   C．色度   D．伽玛值

三、问答题

1．把矢量图转换为位图的方法有哪些？

2．替换颜色的方法是什么？

3．轮廓图效果的特点是什么？

4．如何创建三维效果？

5．简述创建扭曲效果的方法。

四、操作题

制作一个相册版式设计，其效果如图 10-88 所示。

提示：使用矩形工具绘制页面大小，再导入“人物”图片和“莲花”图片，并选择“位图”→“创造性”→“虚光”命令和“位图”→“艺术笔触”→“波纹纸画”命令对导入的图片进行处理，然后制作空心文字。

图 10-88　相册版式设计

第 11 章　输出及打印作品

本章导读

强大的输出功能是 CorelDRAW X4 的重要组成部分，通过对版面、印前和分色选项等方面的设置，能够输出用户理想的作品。本章将介绍如何使用 CorelDRAW X4 将制作的作品打印输出。

本章要点

- ◉ 印刷的相关知识
- ◉ 印刷前的输出准备
- ◉ 图像的打印输出

11.1　印刷的相关知识

为避免印刷出来的图样与客户的需要差距太大，用户在印刷作品之前必须先了解印刷的相关知识，主要包括印前设计工作流程、分色与打样、纸张类型及印刷类型等。

11.1.1　印前设计工作流程

了解印前设计工作流程对 CorelDRAW X4 用户来说是非常重要的。只有充分了解印前设计的基本流程，才能输出符合用户要求的图形作品。印前设计工作流程主要包括以下几个方面。

- ◇ 充分与客户沟通，掌握客户对设计和印刷的要求。
- ◇ 根据客户的要求进行设计。
- ◇ 出校稿给客户，请客户提出修改意见。
- ◇ 送印刷机构进行印前打样。
- ◇ 校正样稿，再送到印刷厂进行制版、印刷。

11.1.2　分色

分色是指将原稿上的颜色分解为黄、品红、青、黑（CMYK）4 种颜色。在印刷设计中，分色工作就是将不同来源的图像色彩模式转换为 CMYK 模式，使之与打印使用的模式相同。

11.1.3 打样

打样是模拟印刷，主要用于检验制版阶调与色调能否达到需要的效果，从而将出现的误差及应达到的标准提供给制版方，作为修正的依据。同时为印刷的墨色、墨层密度及网点扩大数据提供参考，以减少偏色误差。将客户最终签字的样稿校正无误后交付印刷中心进行印刷。

11.1.4 印刷的类型

在印刷过程中，既要避免档次过高导致印刷的成本过高，又要避免因限制成本而达不到理想的效果。印刷的类型和特点介绍如下。

1. 单色印刷

单色印刷是使用黑色进行印刷，成本较低。根据浓度的不同可以显示出黑色以及黑色到白色之间的渐变颜色，常用于印刷较简单的宣传单和单色教材等。

2. 双色印刷

通常使用 CMYK 模式中的任意两种颜色进行印刷，印刷成本较单色印刷高。

3. 套色

套色是在单色印刷的基础上再印上 CMYK 中任意一种颜色，如最常见的报纸广告中的套红就是在单色印刷的基础上套用品红色。这种印刷方式的成本也较低。

4. 四色印刷

四色印刷是最常用、最普遍的印刷方式，印刷效果好，但成本也相对较高，常用于印刷封面、画册、海报及全彩色杂志等。

11.1.5 纸张类型

根据不同的情况和要求使用不同类型的纸张选择印刷作品，根据其性能和特点印刷用纸大致分为以下几种。

1. 新闻纸

新闻纸主要用于报纸及一些凸版书刊的印刷，纸质松软，富有弹塑性，吸墨能力强，具有一定的机械强度，能适合各种不同的高速轮转机印刷。因为这种纸张多以木浆为制造原料，所以时间一长易变黄发脆，抗水性差，色彩表现程度也不是很好。

2. 凸版印刷纸

凸版印刷纸是应用于凸版印刷的专用纸张，纸的性能同新闻纸相似，抗水性、色彩表现程度和纸张表面的平滑度比新闻纸略好，而且吸墨性较为均匀。

3. 凹版印刷纸

凹版印刷纸洁白坚挺，具有良好的抗水性和耐水性，主要用于印刷钞票、邮票、精美画册及年签等质量要求高而又不易仿制的印刷品。

4. 铜版纸

铜版纸又称为涂料纸、胶版印刷纸，纸张表面光滑，白度较高，纸质纤维分布均匀，有较好的弹性及较强的抗水性能和抗张性能，对油墨的吸收性与接收状态十分良好。铜版纸主要用于印刷画册、封面、明信片、精美的产品样本以及彩色商标等，铜版纸有单、双面两类。

5. 白板纸

白板纸纤维组织较为均匀，面层具有填料和胶料成分，且表面涂有一层涂料，纸张洁白且纸面纯度较高，具有均匀的吸墨性及良好的抗水性和耐用性，主要用于商品包装盒、商品表衬、画片挂图等。

11.2　印刷前的输出准备

在印刷或者输出作品前，需要做的准备工作包括文字转曲、CMYK 色彩模式的转换、分辨率的检查以及出血的设置等，以避免文字显示不完全、印刷色彩与样稿颜色差距太大以及装订后出现白边等问题。

11.2.1　将文字转化为曲线

一份文件复制到其他电脑上后，文字能否正常显示取决于系统中是否安装了相应的字体。如果那台电脑上没有安装相应的字体，文字将会被其他字体所代替或者会显示错误，从而影响作图的效果。所以在图形做好之后，要将文字转化为曲线，以避免文字的丢失。

打开一个素材文件，将其中的文本对象转化为曲线，具体操作步骤如下：

（1）选择"文件"→"打开"命令或者按 Ctrl+O 键，打开如图 11-1 所示的图形。

（2）选择"编辑"→"全选"→"文本"命令，将图片中所有的文字选中，如图 11-2 所示。

图 11-1　打开一张图片　　　　　　图 11-2　选中所有文本对象

（3）选择"排列"→"转换为曲线"命令，将文字转换为曲线，转化后的文字将出现很多节点，效果如图 11-3 所示。

（4）选择"文件"→"文档信息"命令，打开"文档信息"对话框，在"文本统计"栏中可以看到文档中已经没有文本对象，如图 11-4 所示。

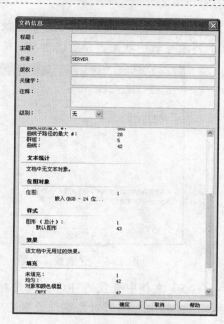

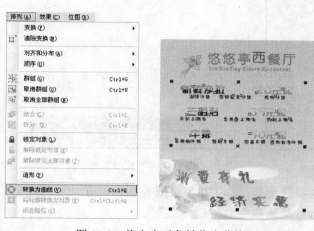

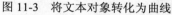

图 11-3　将文本对象转化为曲线　　　　　图 11-4　"文档信息"对话框

11.2.2　将颜色转化为 CMYK 模式

印刷的标准颜色模式为 CMYK 模式，因此如果设计稿是 RGB 等其他颜色模式，可能会出现图像无法输出的情况。

将图像的 RGB 颜色模式转换为 CMYK 模式，具体操作步骤如下：

（1）选中需要转换颜色模式的图片，然后选择"编辑"→"查找和替换"→"查找对象"命令，打开"查找向导"对话框，选中 ● 开始新的搜索(B) 单选按钮，再单击 下一步(N) > 按钮，如图 11-5 所示。

（2）在打开的界面中选择"填充"选项卡，在"一般填充色模型"节点下选中 ☑RGB 复选框，单击 下一步(N) > 按钮，如图 11-6 所示。

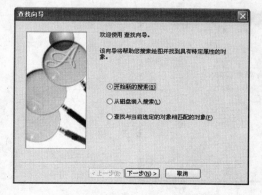

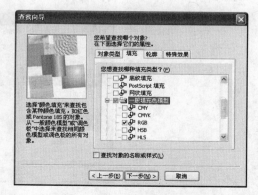

图 11-5　"查找向导"对话框　　　　　　图 11-6　选中 RGB 颜色模式

（3）打开完成查找向导的界面（如图 11-7 所示），单击 完成 按钮，文件中被查找的对象呈选中状态。

（4）打开如图 11-8 所示的"查找"对话框，在该对话框中单击 查找下一个(N) 按钮，文件中被查找的对象呈选中状态，单击 查找全部(A) 按钮，则选中图像中所有的 RGB 模式对象。

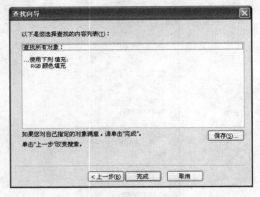

图 11-7　完成查找向导的界面　　　　　　　　　　图 11-8　"查找"对话框

（5）文档中查找的 RGB 模式对象被选中后，单击填充工具按钮，打开"均匀填充"对话框，在其中对图形对象重新设置 CMYK 模式即可。

11.3　图像的打印输出

在 CorelDRAW X4 中设计好作品后，需使用"打印属性"对话框来设置其打印属性，将作品打印出来以便查看设计效果。打印属性设置包括一般设置、分色打印和打印预览等。

11.3.1　添加打印机

打印机是常用的输出设备之一，在使用之前必须先安装并添加打印机的驱动程序。下面以在 Windows XP 操作系统中添加打印机为例进行讲解，具体操作步骤如下：

（1）选择"开始"→"打印机和传真"命令，打开"打印机和传真"窗口，如图 11-9 所示。

图 11-9　"打印机和传真"窗口

（2）在"打印机任务"栏中单击"添加打印机"超链接，打开如图 11-10 所示的"添加打印机向导"对话框，单击 下一步(N) 按钮，打开如图 11-11 所示的界面。

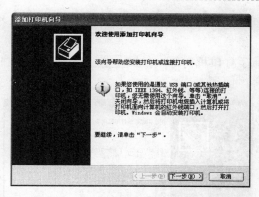

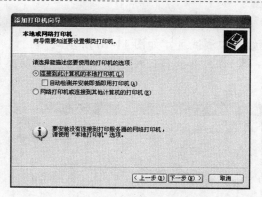

图 11-10 "添加打印机向导"对话框   图 11-11 "本地或网络打印机"界面

（3）选中 连接到此计算机的本地打印机(L) 单选按钮，单击 下一步(N)> 按钮，打开如图 11-12 所示的界面。

（4）选择端口，单击 下一步(N)> 按钮，打开"安装打印机软件"界面，在"厂商"栏中选择 HP 选项，在"打印机"栏中选择相应的打印机，然后单击 下一步(N)> 按钮，如图 11-13 所示。

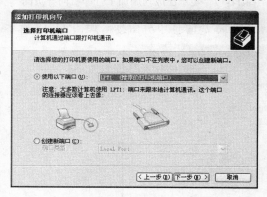

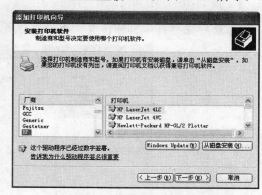

图 11-12 "选择打印机端口"界面   图 11-13 "安装打印机软件"界面

（5）打开"命名打印机"界面，在"打印机名"文本框中输入合适的打印机名字，然后单击 下一步(N)> 按钮，如图 11-14 所示。

（6）在打开的界面中选中 ⊙共享名 单选按钮，设置打印机的共享名，然后单击 下一步(N)> 按钮，如图 11-15 所示。

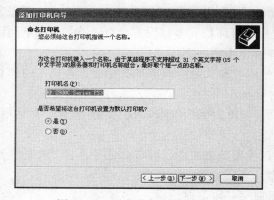

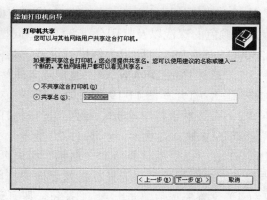

图 11-14 "命名打印机"界面   图 11-15 "打印机共享"界面

（7）在打开的"打印测试页"界面中选中 ⊙黑(Y) 单选按钮，然后单击 下一步(N) > 按钮，打印机开始打印测试页，如图 11-16 所示。

（8）在打开的打印机页面中显示已成功添加了打印机向导，单击 完成 按钮，如图 11-17 所示。

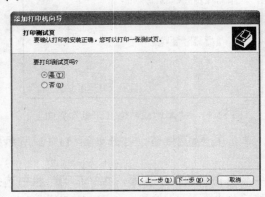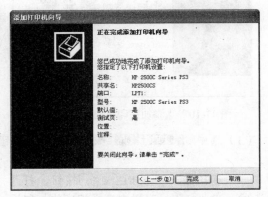

图 11-16　"打印测试页"界面　　　　　图 11-17　显示已成功添加了打印机向导页面

（9）最后在"打印机和传真"窗口中即可看到新添加的打印机图标，如图 11-18 所示。

图 11-18　新添加的打印机图标

11.3.2　设置打印机属性

设置打印机的属性主要是打印机在物理方面的设置，如设置纸张来源、纸张大小、纸张方向、打印颜色的深浅以及打印分辨率等。不同型号的打印机其参数设置会有一些差异，下面以 HP 2500C Series PS3 打印机为例进行讲解，具体操作步骤如下：

（1）启动 CorelDRAW X4，选择"文件"→"打印"命令或者单击标准工具栏中的"打印"按钮 🖨，打开如图 11-19 所示的"打印"对话框。

（2）在该对话框中单击 属性(P)... 按钮，打开"HP 2500C Series PS3 文档 属性"对话框，选择"纸张/质量"选项卡，如图 11-20 所示。

（3）在"送纸器选择"和"颜色"栏中可以设置纸张来源、打印颜色等，在"布局"选项卡的"方向"栏中可以选择纵向或者横向打印。

（4）设置完成后单击 确定 按钮，即可返回"打印"对话框。

图 11-19　"打印"对话框

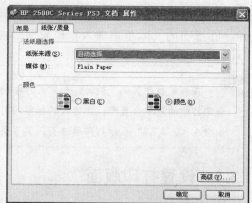

图 11-20　"HP 2500C Series PS3 文档属性"对话框

11.3.3　设置打印范围和份数

　　设置打印范围和打印份数是打印作品时必须设置的内容。打印机默认的打印范围是整个文档，如果只需要打印文档的部分页面，就需要设置打印范围；打印机默认的打印份数是一份，如果需要打印多份，还需要设置打印的数量。

　　设置打印范围和打印份数的具体操作步骤如下：

　　（1）选择需要打印的内容，打开"打印"对话框，默认为"常规"选项卡，如图 11-21所示。

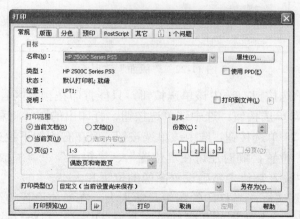

图 11-21　"常规"选项卡

◇　◉当前文档(R)单选按钮：为默认选项，用于打印当前打开的整个文件。

◇　◉当前页(U)单选按钮：选中该单选按钮，只打印当前页面。

◇　◉页(G)：单选按钮：选中该单选按钮，可在后面的文本框中设置页面的打印范围，也可在下方的下拉列表框中选择打印奇数页还是偶数页。

◇　◉文档(D)单选按钮：选中该单选按钮，在下拉列表框中将列出绘图窗口中打开的所有文件，用户可从中选择需要打印的文件。

◇　◉选定内容(S)单选按钮：选中该单选按钮，表示只打印选取区域内的图形。

（2）在"名称"下拉列表框中选择所需的打印机；在"打印范围"栏中选中⊙页(G):单选按钮，在后面的文本框中输入打印范围；在"副本"栏的"份数"数值框中输入打印的份数。

在指定打印页码范围时，如果需打印的页码是连续的，可以在输入的数字之间用"-"连接；如果需打印的是单个页面，在输入的数字间用"，"符号连接。另外，"-"和"，"符号也可混合使用，如输入"2-4,7,8"表示打印第2页、第3页、第4页、第7页和第8页。

11.3.4　设置打印版面

用户可以通过指定页面大小、比例和位置来设置打印版面，在"打印"对话框中选择"版面"选项卡，如图11-22所示。

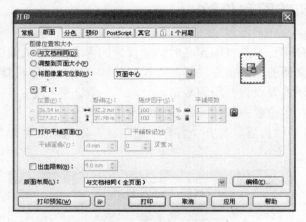

图 11-22　"版面"选项卡

◇ ⊙与文档相同(D) 单选按钮：选中该单选按钮，只能打印在预览区看到的图像。
◇ ⊙调整到页面大小(F) 单选按钮：选中该单选按钮，打印出的图片将和页面大小相同。
◇ ⊙将图像重定位到(R): 单选按钮：选中该单选按钮，可在右侧的下拉列表框中任选一个选项来设置图像的位置，同时还可在"位置"、"粗细"、"缩放因子"和"平铺层数"4个数值框中输入数值来精确设置图像的位置和大小。
◇ ☑打印平铺页面(T) 复选框：当打印的图像尺寸太大，在当前设置的纸张中放置不下时可以选中该复选框，将其平铺到几张打印纸上，打印完后，再将这些打印纸拼接粘贴起来，用户可在右侧的预览框中看到设置后的效果；若同时选中☑平铺标记(M)复选框可以避免混淆，以提高工作效率。

11.3.5　设置分色打印

分色打印是针对彩色图形而言的，具有同一基本颜色的内容将被打印到同一张纸上，不同颜色打印到不同的纸上。

设置分色打印的具体操作步骤如下：

（1）在"打印"对话框中选择"分色"选项卡，如图 11-23 所示。

（2）在该选项卡中选中☑**打印分色(S)** 复选框，将激活该对话框中"选项"栏中的 4 个复选框，选中☑**打印空分色板(E)** 复选框，则在下方的分色片列表框中将显示 4 色模式下的每个颜色的分色片。

（3）单击 □打印□ 按钮即可进行分色打印。

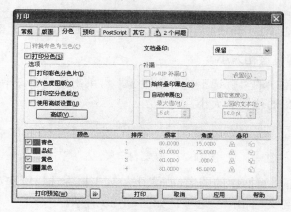

图 11-23 "分色"选项卡

11.3.6 打印预览

在打印图像之前，要先进行打印预览，以避免很多情况下因为设置不当造成纸张浪费。

选中绘制好的文件，再选择"文件"→"打印预览"命令，打开如图 11-24 所示的打印预览窗口。

1．选择预览比例

在图 11-24 所示的打印预览窗口中可以设置打印预览比例，有以下两种方法可以实现。

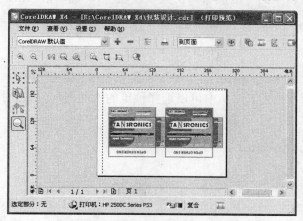

图 11-24 打印预览窗口

❖ 单击窗口左侧工具箱中的"缩放"按钮🔍，打开缩放工具栏，如图 11-25 所示，通过该工具栏可以达到任意缩放视图的目的。

❖ 单击预览窗口工具栏中"缩放"下拉列表框 到页面□ 右侧的□按钮，弹出如图 11-26 所示的下拉列表，从中可根据需要选择显示比例。

图 11-25　缩放工具栏　　　　　　　　　图 11-26　展开"缩放"下拉列表框

2. 设置打印作业的位置和大小

单击窗口左侧工具箱中的"挑选工具"按钮，再单击预览窗口中的对象，在如图 11-27 所示的属性栏中设置对象的位置和大小。

图 11-27　预览窗口属性栏

❖　在属性栏左边的"页面中的图像位置"下拉列表框中选择所选对象在页面中的放置位置，如选择"与文档相同"选项，如图 11-28 所示。

图 11-28　展开"页面中的图像位置"下拉列表框

❖　在属性栏的"宽度和高度"数值框中可以精确设置图形的大小。

3. 设置版面布局

单击窗口左侧工具箱中的"版面布局工具"按钮，其属性栏如图 11-29 所示。

图 11-29　版面布局工具属性栏

单击属性栏最左边的"当前的版面布局"下拉列表框 右侧的 按钮，弹出如图 11-30 所示的下拉列表，从中可以选择预览的版面布局，如选择"活页"选项，其版面效果如图 11-31 所示。

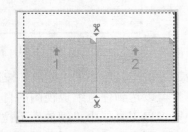

图 11-30　展开"当前的版面布局"下拉列表框　　　图 11-31　"活页"版面布局效果

4. 设置标记放置

单击窗口左侧工具箱中的"标记放置工具"按钮，通过如图 11-32 所示的属性栏可以在打印页面上设置各种打印标记，以方便印刷或者装订成品。

图 11-32　标记放置工具属性栏

◇　"自动调整标记矩形的位置"按钮：单击该按钮，将装订框的位置设置为默认值，
　　也可在"标记对齐矩形"数值框中自定义装订框的位置。

◇　"打印文件信息"按钮：单击该按钮，可在打印作业中添加文件信息。

◇　"打印页码"按钮：单击该按钮，可在打印作业中添加页码。

◇　"打印裁剪标记"按钮：单击该按钮，可在打印作业中添加切口线和折页线。

◇　"打印套准标记"按钮：单击该按钮，可在打印作业中添加套准标记。

11.4　上机练习——打印作业设计

本节主要练习如何向打印机中添加打印作业，设置打印参数后预览效果，最后将图形作品进行打印输出，具体操作步骤如下：

（1）在 CorelDRAW X4 中打开需要打印输出的图形文件，并使用挑选工具将其选中，如图 11-33 所示。

（2）选择"文件"→"打印"命令或者单击属性栏中的"打印"按钮，打开如图 11-34 所示的"打印"对话框。

图 11-33　打开图片

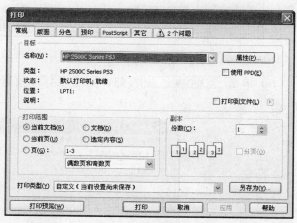

图 11-34　"打印"对话框

（3）在"打印范围"栏中选中⊙当前文档(R)单选按钮；在"副本"栏的"份数"数值框中设置打印的份数，如设置为 1。

（4）选择"版面"选项卡，再选中☑出血限制(B)复选框，在右侧的数值框中输入数值"3.5mm"，其他设置如图 11-35 所示，然后单击应用按钮。

图 11-35　"版面"选项卡

（5）在该选项卡中单击 打印预览(W) 按钮右侧的 按钮，则在对话框右侧出现图像预览区，在此可以预览图像的位置，如图 11-36 所示。

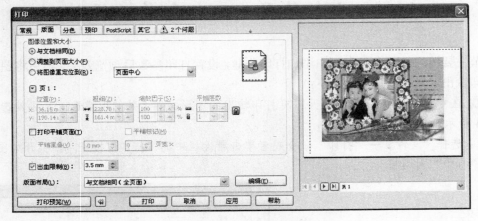

图 11-36　预览图像的位置

（6）单击 打印预览(W) 按钮，则可在打印预览窗口中查看最终的打印效果，如图 11-37 所示。

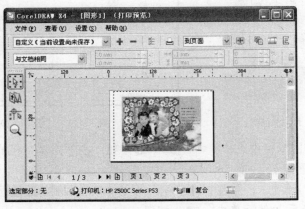

图 11-37　打印预览窗口

（7）预览完成后单击预览窗口工具栏中的"关闭打印预览"按钮▣退出预览状态，返回"打印"对话框。若对预览效果不满意，可重新进行设置。

（8）设置完成后单击 打印 按钮，即可按设置的参数打印图像。

11.5　本章小结

本章主要介绍了印刷的相关知识、印刷前的输出准备以及如何通过 CorelDRAW X4 将制作的作品打印输出。通过本章的学习，用户可以独立完成作品的打印输出。

11.6　习　题

一、填空题

1. 分色是指将原稿上的颜色分解为____、____、____、____ 4种颜色。
2. 一份文件复制到其他电脑上后，文字能否正常显示取决于_____。
3. 印刷的标准颜色模式为_____模式。
4. 打印机默认的打印范围是_____。

二、选择题

1. 在单色印刷的基础上再印上 CMYK 中任意一种颜色的印刷方式是_____印刷。
   A．单色　　　　　B．双色　　　　　C．套色　　　　　D．四色
2. 洁白坚挺、具有良好抗水性和耐水性的是_____。
   A．凸版印刷纸　　B．凹版印刷纸　　C．铜版纸　　　　D．白板纸

三、问答题

1. 印刷的相关知识主要包括哪几个方面？
2. 简述添加打印机的步骤。
3. 如何设置打印预览？
4. 印刷前的准备工作有哪些？

第12章　综合实例

本章导读

　　本章将综合前 11 章所讲的知识来设计制作两个综合性的项目——标识设计和包装设计。通过本章中两个综合实例的练习，使读者对 CorelDRAW X4 的各知识点有更加深刻的认识和掌握，希望读者在今后的创作设计中能够综合地灵活应用各种绘图工具以及各种命令的操作方法和技巧。下面将分别讲解两个实例的制作方法。

本章要点

　　◉　标识设计
　　◉　包装设计

12.1　标识设计

实训目标

　　当今的社会标识已不再简单地局限于指示向导功能，更是美化环境、展示企业品位和塑造企业形象的重要手段之一。本节将制作如图 12-1 所示的小区标识形象牌，该标识在很好地把握了易于识别功能的基础上，将点、线、面有机结合，简单、超前别致的造型设计带给过客一种如同欣赏艺术品般的感受。

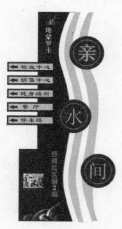

图 12-1　标识形象牌

制作要领

（1）使用贝塞尔工具绘制封闭曲线图形，并使用形状工具调整曲线形状。

（2）复制、再制命令的使用。

制作过程

本例将详细介绍制作标识形象牌的过程，具体操作步骤如下：

（1）启动 CorelDRAW X4，在"纸张类型/大小"下拉列表框中选择 A4 页面。

（2）单击矩形工具绘制一个宽度为 48mm、高度为 285mm 的矩形，如图 12-2 所示。

（3）单击填充工具，在展开的工具组中单击"颜色"按钮，打开"均匀填充"对话框，在颜色框中选择一种颜色，如图 12-3 所示。然后单击 确定 按钮，则图形的填充效果如图 12-4 所示。

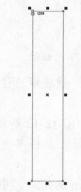
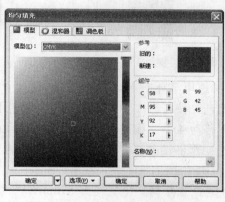

图 12-2　绘制矩形　　　　图 12-3　"均匀填充"对话框　　　　图 12-4　填充矩形

（4）使用挑选工具选中该矩形，按住 Ctrl 键将其移动到原矩形的左边，然后右击复制出一个相同的矩形，如图 12-5 所示。

（5）选中复制的矩形，在属性栏的"对象大小"文本框中将其宽度设置为 24mm，高度设置为 97mm，然后将其移动到矩形左边合适位置，并右击调色板上的"无色"按钮，去掉其轮廓色，效果如图 12-6 所示。

（6）单击贝塞尔工具，在矩形右边绘制一个如图 12-7 所示的封闭曲线。

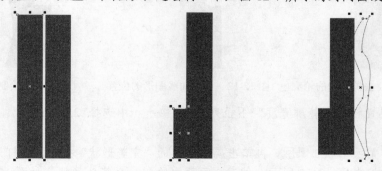

图 12-5　复制矩形　　　　图 12-6　精确设置矩形大小　　　　图 12-7　绘制封闭曲线

（7）单击形状工具 ，分别拖动封闭曲线节点处的控制手柄调整曲线的形状，如图 12-8 所示。

（8）选中调整好形状的曲线，按住 Ctrl 键将其向右移动到合适位置，然后右击鼠标复制出 3 个相同的曲线，效果如图 12-9 所示。

（9）按住 Shift 键的同时选中第 2 个和第 4 个封闭曲线，单击调色板上的"沙黄"色块，为两个曲线填充沙黄色，效果如图 12-10 所示。

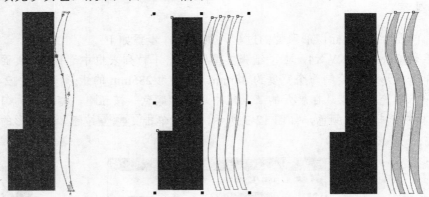

图 12-8　调整曲线形状　　图 12-9　复制 3 个相同的曲线形状　　　图 12-10　填充曲线

（10）按住 Shift 键的同时选中另外两个封闭曲线，将其填充为白色。然后框选住 4 个曲线图形，右击调色板上的"无色"按钮 ，去掉其轮廓色，如图 12-11 所示。

（11）使用挑选工具分别移动 4 个曲线图形的位置，移动后的效果如图 12-12 所示。

（12）框选住绘制的所有矩形和曲线，单击属性栏中的"群组"按钮 ，将其变为一个群组对象。

（13）单击矩形工具在合适位置绘制一个宽度为 57mm、高度为 11mm 的矩形，并填充颜色为沙黄色，效果如图 12-13 所示。

图 12-11　去掉曲线的轮廓色　图 12-12　调整曲线图形的位置　　图 12-13　绘制小矩形

（14）在属性栏的"轮廓宽度"下拉列表框 2.0mm 中选择 2.0mm 选项，则矩形效果如图 12-14 所示。

（15）单击箭头形状工具 ，再单击属性栏中的"完美形状"按钮，在打开的面板中选择向左的箭头选项，如图 12-15 所示。然后在页面中绘制一个箭头形状，如图 12-16 所示。

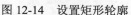

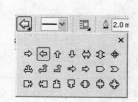

图 12-14　设置矩形轮廓　　　图 12-15　选择箭头选项　　　图 12-16　绘制箭头形状

（16）选择箭头形状，单击滴管工具 ，在如图 12-17 所示的位置汲取颜色。

（17）单击颜料桶工具 ，移动光标到箭头形状上，当光标变为 形状时，为箭头轮廓填充颜色；当光标变为 形状时，为箭头填充颜色，效果如图 12-18 所示，

（18）选择箭头图形并将其移动到小矩形内部的合适位置，如图 12-19 所示。

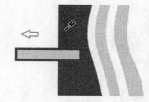

图 12-17　汲取颜色　　　图 12-18　填充箭头图形　　　图 12-19　移动箭头图形的位置

（19）框选小矩形和箭头图形，按住 Ctrl 键将其向下移动并右击复制出一个相同的图形，如图 12-20 所示。

（20）连续按 3 次 Ctrl+D 键，再复制出 3 个相同的图形，效果如图 12-21 所示。

（21）单击文本工具 ，在 5 个小矩形中分别输入文字，字体为"隶书"，字号为 26pt，效果如图 12-22 所示。

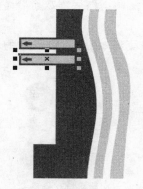

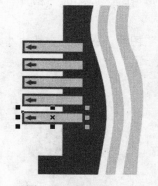

图 12-20　复制图形　　　图 12-21　再制图形　　　图 12-22　输入文字

（22）单击椭圆形工具，按住 Ctrl 键在页面中绘制一个直径为 45mm 的正圆，并填充为黑色，然后再绘制一个直径为 35mm 的正圆，将其轮廓设置为沙黄色，效果如图 12-23 所示。

（23）使用挑选工具框选住两个正圆，单击属性栏中的"对齐和分布"按钮 ，打开"对齐与分布"对话框，分别选中 和 复选框，如图 12-24 所示。

（24）单击 应用 按钮，则两个正圆中心对齐，效果如图 12-25 所示。

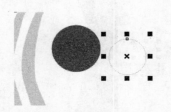

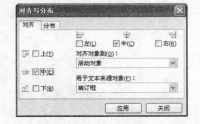

图 12-23 绘制两个正圆   图 12-24 "对齐与分布"对话框   图 12-25 正圆对齐效果

（25）框选住所绘制的正圆，单击"群组"按钮<img>将其群组。

（26）选择正圆群组对象，将其拖动到一定位置后右击，复制出两个相同的正圆图形，效果如图 12-26 所示。

（27）单击文本工具<img>，在 3 个正圆图形中分别输入文字，设置字体为"宋体"，字号为 72pt，效果如图 12-27 所示。

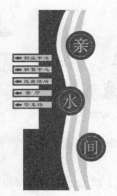

图 12-26 复制图形   图 12-27 输入文字

（28）导入如图 12-28 所示的"社区标志.jpg"图片，将其复制，然后缩放至合适大小后移动到如图 12-29 所示的位置。

（29）再导入一张"雕塑.jpg"图片，缩放至合适大小后移动到如图 12-30 所示的位置。

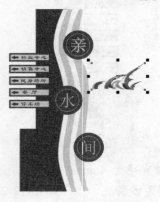

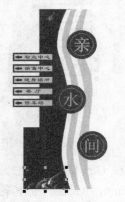

图 12-28 导入标志图片   图 12-29 复制并移动到合适位置   图 12-30 导入雕塑图片

（30）单击文本工具<img>，再单击属性栏中的"将文本更改为垂直方向"按钮<img>，设置文本字体和大小后，输入如图 12-1 所示的文字。至此，整个标志图形绘制完成。

12.2 包 装 设 计

实训目标

本实例将制作一个 DVD 影碟机的外包装展开图，效果如图 12-31 所示，是一个中规中矩的设计作品。该包装制作精细，整体色调统一，颜色搭配协调，画面的主色调主要以蓝色为主，预示了 DVD 机是高科技产品，设计严谨，工艺精良。

图 12-31 包装设计展开图

具体实训目标如下。

（1）了解包装设计的特点和设计要求，明确包装设计的展开方法。

（2）熟练掌握矩形工具、椭圆形工具、文本工具创建包装的方法。

（3）掌握群组、复制图形的方法。

（4）熟悉"排列"→"造形"以及"排列"→"变换"等命令。

（5）提高综合应用各种工具和操作命令的方法和技巧。

制作要领

（1）绘制的多个矩形的放置位置。

（2）对矩形和椭圆进行"排列"→"造形"→"焊接"操作。

（3）使用形状工具对文本进行处理。

制作过程

本例将详细介绍制作该包装设计的过程，具体操作步骤如下：

（1）启动 CorelDRAW X4，新建一个图形文件。

（2）单击矩形工具▢，绘制一个宽度为 494mm、高度为 327mm 的矩形，效果如图 12-32 所示。

（3）选中绘制的矩形，然后选择"排列"→"变换"→"大小"命令，打开"变换"泊坞窗，设置"大小"栏的"水平"数值框中的值为 494.0mm，设置"垂直"数值框中的值为 327.0mm，如图 12-33 所示。

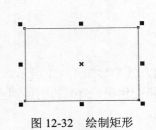

图 12-32　绘制矩形　　　　　　　　　图 12-33　"变换"泊钨窗

（4）单击 应用到再制 按钮，复制一个缩小了的矩形，单击调色板上的"冰蓝"色块，为其填充冰蓝色，然后右击"无色"按钮，去掉其轮廓色，效果如图 12-34 所示。

（5）单击矩形工具，在原矩形的上方和下方分别绘制一个宽度为 494mm、高度为 105mm 的矩形，在原矩形的右侧绘制一个宽度为 105mm、高度为 327mm 的矩形，效果如图 12-35 所示。

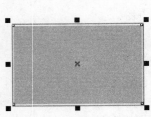

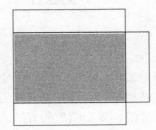

图 12-34　去掉轮廓色效果　　　　　　图 12-35　再绘制 3 个矩形图形

（6）单击矩形工具，在图 12-35 中绘制的矩形左边再绘制一个宽度为 267mm、高度为 105mm 的矩形，在属性栏中设置右下角的边角圆滑度为 70°，并将该矩形填充为天蓝色，效果如图 12-36 所示。

（7）按住 Shift 键的同时选中填充的冰蓝色和天蓝色矩形，在属性栏中单击"群组"按钮，将其群组。

（8）使用鼠标拖动群组图形并右击，复制一个相同的图形，然后选中复制的群组图形，在属性栏的"对象大小"文本框中将其宽度设置为 95mm，效果如图 12-37 所示。

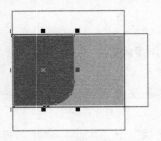

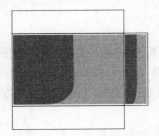

图 12-36　绘制圆角矩形　　　　　　　图 12-37　复制群组对象

（9）选中最上面的矩形，选择"排列"→"变换"→"大小"命令，打开"变换"泊钨窗，设置"大小"栏的"水平"数值框中的值为 484.0mm，在"垂直"数值框中的值为 95.0mm。

（10）单击 应用到再制 按钮，复制一个缩小了的矩形，如图 12-38 所示。

（11）在属性栏中设置左下角的边角圆滑度为 70°，单击调色板上的"冰蓝"色块，为其填充冰蓝色，右击"无色"按钮，去掉其轮廓色，效果如图 12-39 所示。

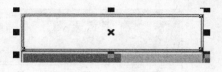

图 12-38　复制矩形

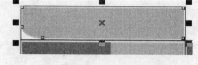

图 12-39　填充圆角矩形

（12）选择"文件"→"导入"命令，导入一张 DVD 产品图片，然后将其缩小后放置在合适位置，效果如图 12-40 所示。

（13）单击矩形工具，绘制一个宽度为 265mm、高度为 79mm 的矩形。

（14）单击椭圆形工具，在如图 12-41 所示的位置绘制两个正圆图形。

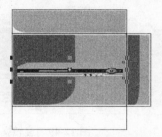

图 12-40　导入 DVD 图片

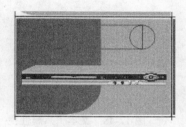

图 12-41　绘制矩形和正圆

（15）使用挑选工具框选住绘制的矩形和正圆，然后选择"排列"→"造形"→"焊接"命令，焊接后的效果如图 12-42 所示。

（16）单击调色板上的"白色"色块，为焊接图形填充白色，并去掉其轮廓色，效果如图 12-43 所示。

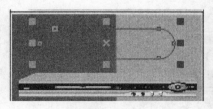

图 12-42　焊接图形

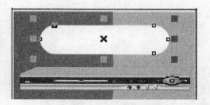

图 12-43　填充焊接图形

（17）单击文本工具，在焊接图形上方输入如图 12-44 所示的文字，字体设置为 Berlin Sans FB Demi，字体大小为 180pt。

（18）单击形状工具，选中字母 N 左下方的节点，设置其字体为 Algerian，字体大小为 260pt，并设置其颜色为天蓝色，效果如图 12-45 所示。

图 12-44　输入文字

图 12-45　设置文字效果

（19）单击文本工具圖，在 DVD 机下方输入该机器型号，设置字体为 Arial，字体大小为 60pt，并设置其颜色为白色，如图 12-46 所示。

（20）单击文本工具圖，在最下方的矩形内部输入文字，设置字体为 Arial，字体大小为 100pt，并设置颜色为黑色，如图 12-47 所示。

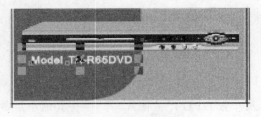

图 12-46　输入机器型号

图 12-47　输入文字

（21）在文本工具属性栏的"旋转角度"文本框中输入"180"（如图 12-48 所示），则旋转后的文字效果如图 12-49 所示。

图 12-49　旋转文字

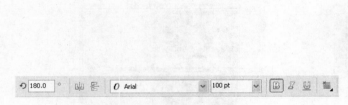

图 12-48　文本工具属性栏

（22）选择"文件"→"导入"命令，导入一系列商标图形，缩放大小后放置在合适的位置，如图 12-50 所示。

（23）使用挑选工具框选住图 12-44 所示的焊接图形和其上面的文字，向上拖动并右击复制一个图形，然后继续向左拖动并右击，再复制一个相同的图形，效果如图 12-51 所示。

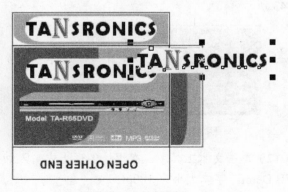

图 12-51　复制图形

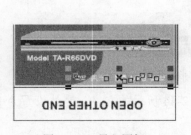

图 12-50　导入图标

（24）分别选中复制后的两个图形，调整大小后移动到如图 12-52 所示的位置。

（25）单击文本工具圖，在右侧矩形内部输入段落文本，效果如图 12-53 所示。

（26）选中文字，单击属性栏上的"项目符号"按钮，为文本添加项目符号，效果如图 12-54 所示。

图 12-52　调整图形大小和位置

图 12-53　输入段落文本

图 12-54　添加项目符号

（27）分别选中 DVD 图形和其下方的型号文字，将其复制并拖动到最上面的矩形上方，调整其大小后，效果如图 12-55 所示。

（28）选择"文件"→"导入"命令，导入一系列获奖证书标志以及提示商标等，缩放大小后将其移动到最右侧矩形下方，如图 12-56 所示。

图 12-55　复制图形

图 12-56　导入图形

（29）使用挑选工具框选住所有绘制的图形，按住 Ctrl 键将其移动到图形右侧并右击，复制一个相同的图形，效果如图 12-57 所示。

图 12-57　在右侧复制一个相同的图形

（30）选中右上角矩形内部的圆角矩形，将其颜色设置为天蓝色，设置后的效果如图 12-31 所示。至此，整个 DVD 包装设计图片绘制完成，按 Ctrl+S 键将其保存。

12.3　本 章 小 结

本章以设计制作两个综合性的项目——标识设计和包装设计为例，使读者进一步认识 CorelDRAW X4 绘制和处理图形的强大功能，并对其各知识点有了更加深刻的理解和掌握。希望读者在今后的设计创作中，能够对各种绘图工具以及各种操作命令灵活综合应用，以便制作出令人满意的作品。